·过鱼设施丛书·

垂直竖缝式鱼道设计与效果评估

陈大庆　王　珂　段辛斌　俞立雄　周　雪　著

U0289590

科学出版社

北　京

内 容 简 介

本书在分析鱼类洄游需求和大坝阻隔对生态连续性影响的基础上，提出过鱼设施建设的必要性，总结过鱼设施的历史、种类和特点，并系统梳理国内外对过鱼设施的研究进展。垂直竖缝式鱼道因其适应性强的特点，被广泛应用于恢复大坝上下游的连通。本书从理论和应用两方面对垂直竖缝式鱼道进行详释。理论部分涵盖垂直竖缝式鱼道的原理、设计及尺寸；应用部分一方面对西藏尼洋河多布水电站鱼道的设计进行详细介绍，另一方面详述崔家营航电枢纽工程鱼道和赣江峡江水利枢纽工程鱼道的运行效果。

本书可为垂直竖缝式鱼道的设计、效果评估、应用提供技术支撑，也可作为从事相关研究或管理工作的科研人员的参考书。

图书在版编目（CIP）数据

垂直竖缝式鱼道设计与效果评估/陈大庆等著. —北京：科学出版社，2023.11
（过鱼设施丛书）
ISBN 978-7-03-076861-2

Ⅰ.① 垂⋯　Ⅱ.① 陈⋯　Ⅲ.①大坝－水利工程－鱼道－设计－评估
Ⅳ.①TV649

中国国家版本馆 CIP 数据核字（2023）第 211293 号

责任编辑：闫　陶　张　湾/责任校对：高　嵘
责任印制：彭　超/封面设计：无极书装

科 学 出 版 社 出版
北京东黄城根北街 16 号
邮政编码：100717
http://www.sciencep.com

武汉市首壹印务有限公司印刷
科学出版社发行　各地新华书店经销
*
开本：787×1092　1/16
2023 年 11 月第 一 版　印张：9
2023 年 11 月第一次印刷　字数：212 000
定价：88.00 元
（如有印装质量问题，我社负责调换）

"过鱼设施丛书"编委会

顾　　问：钮新强　常仲农　顾洪宾　陈凯麒　李　嘉　衣艳荣

主　　编：常剑波

副 主 编：吴一红　薛联芳　徐　跑　陈大庆　穆祥鹏　石小涛

编　　委：（按姓氏拼音排序）

安瑞冬	白音包力皋	曹　娜	常剑波	陈大庆
杜　浩	段　明	段辛斌	龚昱田	韩　瑞
韩德举	姜　昊	金光球	李　嘉	刘　凯
陆　波	穆祥鹏	钮新强	乔　晔	石小涛
孙双科	谭细畅	唐锡良	陶江平	王　珂
王晓刚	王小明	翁永红	吴一红	徐　跑
徐东坡	薛联芳	张　鹏	朱世洪	

"过鱼设施丛书" 序

拦河大坝的修建是人类文明高速发展的动力之一。但是，拦河大坝对鱼类等水生生物洄游通道的阻隔，以及由此带来的生物多样性丧失和其他次生水生态问题，又长期困扰着人类社会。300多年前，国际上就将过鱼设施作为减缓拦河大坝阻隔鱼类洄游通道影响的措施之一。经过200多年的实践，到20世纪90年代中期，过鱼效果取得了质的突破，过鱼对象也从主要关注的鲑鳟鱼类，扩大到非鲑鳟鱼类。其后，美国所有河流、欧洲莱茵河和澳大利亚默里-达令流域，都从单一工程的过鱼设施建设扩展到全流域水生生物洄游通道恢复计划的制订。其中：美国在构建全美河流鱼类洄游通道恢复决策支持系统的基础上，正在实施国家鱼道项目；莱茵河流域在完成"鲑鱼2000"计划、实现鲑鱼在莱茵河上游原产卵地重现后，正在筹划下一步工作；澳大利亚基于所有鱼类都需要洄游这一理念，实施"土著鱼类战略"，完成对从南冰洋的默里河河口沿干流到上游休姆大坝之间所有拦河坝的过鱼设施有效覆盖。

我国的过鱼设施建设可以追溯到1958年，在富春江七里垄水电站开发规划时首次提及鱼道。1960年在兴凯湖建成我国首座现代意义的过鱼设施——新开流鱼道。至20世纪70年代末，逐步建成了40余座低水头工程过鱼设施，均采用鱼道形式。不过，在1980年建成湘江一级支流洣水的洋塘鱼道后，因为在葛洲坝水利枢纽是否要为中华鲟等修建鱼道的问题上，最终因技术有效性不能确认而放弃，我国相关研究进入长达20多年的静默期。进入21世纪，我国的过鱼设施建设重新启动并快速发展，不仅目前已建和在建的过鱼设施超过200座，产生了许多国际"第一"，如雅鲁藏布江中游的藏木鱼道就拥有海拔最高和水头差最大的双"第一"。与此同时，鱼类游泳能力及生态水力学、鱼道内水流构建、高坝集诱鱼系统与辅助鱼类过坝技术、不同类型过鱼设施的过鱼效果监测技术等相关研究均受到研究人员的广泛关注，取得丰富的成果。

2021年10月，中国大坝工程学会过鱼设施专业委员会正式成立，标志我国在拦河工程的过鱼设施的研究和建设进入了一个新纪元。本人有幸被推选为专委会的首任主任委员。在科学出版社的支持下，本丛书应运而生，并得到了钮新强院士为首的各位专家的积极响应。"过鱼设施丛书"内容全面涵盖"过鱼设施的发展与作用"、"鱼类游泳能力与相关水力学实验"、"鱼类生态习性与过鱼设施内流场营造"、"过鱼设施设计优化与建设"、"过鱼设施选型与过鱼效果评估"和"过鱼设施运行与维护"六大板块，各分册均由我国活跃在过鱼设施研究和建设领域第一线的专家们撰写。在此，请允许本人对各位专家的辛勤劳动和无私奉献表示最诚挚的谢意。

本丛书全面涵盖与过鱼设施相关的基础理论、目标对象、工程设计、监测评估和运行管理等方面内容，是国内外有关过鱼设施研究和建设等方面进展的系统展示。可以预见，其出版将对进一步促进我国过鱼设施的研究和建设，发挥其在水生生物多样性保护、河流生态可持续性维持等方面的作用，具有重要意义!

常剑波

2023 年 6 月于珞珈山

前　言

洄游是鱼类种群获得延续、扩散和增长的重要行为特性，而水利水电工程的建设阻碍了河流鱼类的洄游通道和种群交流，使得工程影响河段成为水生生态脆弱区域。如何有效恢复和重建河流鱼类的洄游通道，是当今生态保护领域面临的主要难题之一。

过鱼设施在促进坝上坝下鱼类遗传信息交流、维护自然鱼类基因库、保证鱼类种质资源、维护鱼类种群结构等方面有积极作用。垂直竖缝式鱼道作为过鱼设施的一种，因其适应性强的特点，被广泛应用于大坝上下游的连通。我国过鱼设施建设相对落后，且缺乏对过鱼设施具有效力的评估系统，导致我国已建过鱼设施存在运行效果不佳的问题。本书在全面总结国内外过鱼设施建设进展的基础上，依托实际案例对垂直竖缝式鱼道的设计和效果评估进行详细阐述。希望本书的出版可以为我国垂直竖缝式鱼道的改进和评估体系的建立提供科学依据，为我国过鱼设施的技术进步提供基础数据支撑。

全书分为5章。第1章系统介绍鱼类的洄游习性、过鱼设施建设的目的和进展。第2章对垂直竖缝式鱼道的原理、设计和尺寸给出全面的表述。第3章依托西藏尼洋河多布水电站工程，从过鱼对象、游泳能力、鱼道参数设计等方面系统阐述垂直竖缝式鱼道的设计。第4章和第5章分别以崔家营航电枢纽工程鱼道和赣江峡江水利枢纽工程鱼道为例，结合当时的监测水平，详释鱼道的过鱼效果。

本书由陈大庆、王珂、段辛斌、俞立雄、周雪撰写。本书的出版获得国家自然科学基金委员会、中华人民共和国水利部、中国长江三峡集团有限公司长江水科学研究联合基金项目"基于中华鲟和四大家鱼自然繁殖需求的三峡水库生态调度机制研究"（U2240214）的资助。

过鱼设施的成功设计是生物学家、工程师和管理者密切合作的结果，由于笔者水平有限，书中难免存在不足之处，敬请广大读者指正。

作　者

2023 年 3 月 10 日于武汉

目　录

第1章　绪论 ………………………………………………………………………… 1

1.1　引言 …………………………………………………………………………… 1

1.2　鱼类洄游概述 ………………………………………………………………… 1

　　1.2.1　洄游性鱼类定义 ………………………………………………………… 1

　　1.2.2　鱼类洄游类型 …………………………………………………………… 1

1.3　过鱼设施概述 ………………………………………………………………… 2

　　1.3.1　过鱼设施的原理 ………………………………………………………… 2

　　1.3.2　建立过鱼设施的目的 …………………………………………………… 3

　　1.3.3　建立过鱼设施的必要性 ………………………………………………… 4

　　1.3.4　过鱼设施的由来和历史 ………………………………………………… 5

　　1.3.5　过鱼设施的种类和特点 ………………………………………………… 6

　　1.3.6　国外过鱼设施建设进展 ………………………………………………… 11

　　1.3.7　国内过鱼设施建设进展 ………………………………………………… 16

第2章　垂直竖缝式鱼道 ………………………………………………………… 20

2.1　引言 …………………………………………………………………………… 20

2.2　原理 …………………………………………………………………………… 20

2.3　设计与尺寸 …………………………………………………………………… 21

　　2.3.1　设计流速 ………………………………………………………………… 21

　　2.3.2　池室尺寸 ………………………………………………………………… 22

　　2.3.3　竖缝宽度 ………………………………………………………………… 23

　　2.3.4　级差及坡度 ……………………………………………………………… 23

　　2.3.5　休息池 …………………………………………………………………… 23

　　2.3.6　观察室 …………………………………………………………………… 23

　　2.3.7　底部基质 ………………………………………………………………… 24

第3章　西藏尼洋河多布水电站鱼道设计 …………………………………… 25

3.1　引言 …………………………………………………………………………… 25

3.2 概况 ·· 25
    3.2.1 流域概况 ·· 25
    3.2.2 西藏尼洋河多布水电站工程概况 ················· 26
3.3 尼洋河鱼类资源现状 ······························· 27
    3.3.1 调查时间与点位设置 ···························· 27
    3.3.2 调查内容和方法 ································· 27
    3.3.3 调查结果 ·· 29
3.4 过鱼对象分析 ······································· 41
    3.4.1 过鱼对象确定 ··································· 41
    3.4.2 过鱼季节确定 ··································· 42
3.5 过鱼对象游泳能力研究 ····························· 42
    3.5.1 游泳能力概述 ··································· 42
    3.5.2 试验设备、材料、方法 ·························· 45
    3.5.3 试验结果 ·· 56
3.6 多布水电站鱼道形式及主要设计参数 ·············· 65
    3.6.1 西藏尼洋河多布水电站鱼类保护措施比选 ······· 65
    3.6.2 可行性分析 ····································· 68
    3.6.3 鱼道结构设计 ··································· 69
    3.6.4 鱼道主要设计参数 ······························ 72
    3.6.5 鱼道的外观设计 ································· 78
    3.6.6 鱼道附属设施 ··································· 78
    3.6.7 鱼道的管理运行和维护 ·························· 79

第4章 崔家营航电枢纽工程鱼道效果评估 ················ 80
4.1 引言 ·· 80
4.2 崔家营航电枢纽工程鱼道概况 ····················· 80
    4.2.1 流域概况 ·· 80
    4.2.2 崔家营航电枢纽工程基本情况 ··················· 81
    4.2.3 鱼道设计方案 ··································· 83
4.3 鱼道过鱼效果监测方法 ····························· 85
4.4 崔家营航电枢纽工程鱼道过鱼效果 ················ 86
    4.4.1 监测设备 ·· 86
    4.4.2 监测条件 ·· 88
    4.4.3 过鱼效果监测结果 ······························ 90

第 5 章　赣江峡江水利枢纽工程鱼道效果评估 ··· 115

5.1　引言 ··· 115

5.2　赣江峡江水利枢纽工程鱼道概况 ··· 115

　　5.2.1　流域概况 ·· 115

　　5.2.2　赣江鱼类资源 ·· 116

　　5.2.3　鱼道设计方案 ·· 117

5.3　鱼道过鱼效果监测方法 ··· 118

5.4　赣江峡江水利枢纽工程鱼道过鱼效果 ··· 118

　　5.4.1　鱼道内水体环境 ·· 118

　　5.4.2　过鱼种类组成及分布 ··· 119

　　5.4.3　过鱼季节差异 ·· 124

　　5.4.4　过鱼平均体长分布 ·· 124

　　5.4.5　过鱼与环境因子的关系 ·· 126

　　5.4.6　讨论 ··· 127

参考文献 ··· 130

第1章 绪 论

1.1 引 言

洄游是许多鱼类基本行为的一部分，这些鱼类会在其生命周期过程中进行不同程度的洄游以保证种群的延续。而河流水利水电工程的修建阻隔了鱼类的洄游通道，鱼类生境的片段化和破碎化使鱼类形成了大小不同的异质种群，种群间基因不能交流，各个种群的遗传多样性降低，种群灭绝的概率增加。

目前，我国在水利水电工程建设及运行过程中日益重视对具洄游性、珍稀、特有水生生物的保护，以期通过科学、合理地设计过鱼设施维护鱼类及其他水生生物的洄游通道，以实现人与自然的和谐共处，达到水利水电工程建设与生态环境保护协调发展的目标。

本章内容涵盖鱼类洄游和过鱼设施两个方面，重点介绍过鱼设施的原理、建设目的和必要性、由来和历史、种类和特点、国内外建设进展，旨在厘清鱼类洄游和过鱼设施的概念及两者的关系。

1.2 鱼类洄游概述

1.2.1 洄游性鱼类定义

某些鱼类、海兽等水生动物，由于环境影响和生理习性要求，会出现一种周期性、定向性和集群性的规律性移动，称为洄游（migration）。并非所有的鱼类都会进行洄游，根据进行洄游与否，鱼类可分为洄游性鱼类和定居性鱼类两大类（何大仁和蔡厚才，1998）。洄游性鱼类通过洄游变换栖息场所，扩大对空间环境的利用，最大限度地提高种群存活、摄食、繁殖和避开不良环境条件（包括敌害）的能力。因此，洄游是鱼类种群获得延续、扩散和增长的重要行为特性。

1.2.2 鱼类洄游类型

洄游性鱼类主要分为以下两种。

（1）河湖间洄游（potamodromous）鱼类，其整个生命周期在淡水中完成。这种季节周期性洄游形式对它们生命周期的成功完成是重要的，洄游通常由生殖洄游（spawning migration）、索饵洄游（feeding migration）和越冬洄游（winter migration）三个环节组成。例如，青鱼（*Mylopharyngodon piceus*）、草鱼（*Ctenopharyngodon idellus*）、鲢（*Hypophthalmichthys molitrix*）、鳙（*Aristichthys nobilis*）等淡水鱼类在繁殖季节集群逆水洄游到干流中上游产卵场产卵；产卵后亲鱼又洄游至原来食饵生物丰盛的干流下游、支流及附属湖泊索饵。冬季来临时，这些鱼类也会从较浅的湖泊或支流游到干流河床深处越冬；但这种越冬洄游不太稳定，如果湖泊中也存在适合越冬的深潭，它们就可能会在当地越冬。它们在干流中上游产的卵，通常1天左右就孵出仔稚鱼，顺流被带到下游。在这些仔稚鱼获得主动游泳能力后，常沿河逆流进行索饵洄游，进入支流和附属湖泊肥育，待性成熟后，再集群到江河上游产卵。它们平时在湖泊主体水域生活，到了生殖季节常集群游近湖岸或进入沿湖的河流产卵。例如，太湖的花鳕（*Hemibarbus maculatus*）每年春季游近沿岸水草茂盛处产卵，形成渔汛。又如，青海湖裸鲤（*Gymnocypris przewalskii*）平时栖息于湖内，3～7月进入沿湖的河流产卵。这些鱼类冬季一般都在湖心深处越冬（殷名称，1995）。

（2）淡海水间洄游（diadromous）鱼类，在它们的生命周期过程中必须改变生活环境，部分发生在淡水中，部分发生在海水中，生殖区和索饵区之间的距离可达数千千米。

淡海水间洄游鱼类又可分为以下两个类群。

溯河洄游（anadromous）种类，如大麻哈鱼（*Oncorhynchus keta*）和大西洋鲟（*Acipenser sturio*）等，在海水中生长，由海入河，逆流而上，到产卵场生殖，称为溯河生殖洄游。溯河洄游种类可以准确地识别并回到它们出生的河流集水区域，误差率非常低。因此，各江河流域都有属于它们自己独特的种群群落。

降河洄游（catadromous）种类，如鳗鲡（*Anguilla anguilla*），具有相反的生命周期过程，由河入海，到产卵场生殖，而洄游返回到淡水是为了索饵。另外，依照洄游方向与水流方向的关系，还可以将洄游分为逆流洄游和顺流洄游两大类别。鳗鲡依靠海流从出生地顺流漂向沿岸，然后逆流洄游到淡水中进行索饵肥育，此过程便包括了逆流和顺流两种洄游（何大仁和蔡厚才，1998）。

1.3 过鱼设施概述

1.3.1 过鱼设施的原理

过鱼设施的目标是吸引障碍物下游的洄游性鱼类至河流的某一指定点，引导它们到达上游。过鱼的方式可以是开辟水路（严格意义上的鱼道），或是用一个水箱诱捕洄游性鱼类，然后将它们提升到上游（升鱼机或集运鱼系统）。

有效的鱼道指的是，鱼能够顺利发现入口，并且在没有延迟、压力或受伤的情况下顺利地通过。在设计鱼道时，应考虑洄游性鱼类的行为特点。鱼道中水的流速必须与洄游性鱼类的游泳能力相符合。一些鱼类对各水池间水位差、流速、流量和流态等水文条件很敏感，应充分考虑这些水文条件。除水力因素外，鱼对溶氧、水温、噪声等其他环境因子也很敏感，这些环境因子可能对鱼类洄游行为产生抑制作用。若鱼道中与坝前的水质有较大差异，会加强抑制作用。因此，鱼道应满足洄游性鱼类的生物学特性和洄游行为，才能发挥较好的作用。

1.3.2 建立过鱼设施的目的

大坝的修建破坏了河流的连续性和生态的连续性，会对水域水生生物产生明显的影响，主要表现在以下几个方面：①改变流域的水位、流域形态等水文学特性，从而使鱼类等水生生物原有的生境不复存在；②水体中的建筑物阻断了河流中洄游性鱼类向上游或向下游迁移的通道，使其不能到达适宜的生长和繁殖生境；③水体中铺设的管路系统使水流不均匀，影响了鱼类的游泳能力；④新的生态环境难以满足鱼类等水生生物的生长与繁殖要求，即对水温、流速、水深及营养物质等的要求。单一水利工程的建设对环境的影响相对有限，而一旦实施河流梯级开发后，其累积效应将会严重改变河流生态系统的水域环境，当环境因素的改变超出了生物的适应范围，就会引起种群数量下降甚至是物种的灭绝，从而造成鱼类资源的巨大损失。例如，红大麻哈鱼（*Oncorhynchus nerka*）的两种习性鱼，一种为洄游性鲑，另一种为陆封性鲑，这两种鱼在历史上曾经分布于美国俄勒冈州（Oregon State）的两大流域，即斯内克河（Snake River）流域的格兰德河（Grande River）和哥伦比亚河（Columbia River）流域的德舒特河（Deschutes River），但受德舒特河上游佩尔顿-朗德比尤特（Pelton-Round Butte）水电工程及在格兰德河瓦洛厄湖（Wallowa Lake）出口建造的水库等水利设施的影响，洄游性鲑如红大麻哈鱼已在格兰德河中绝迹，在德舒特河中也只有少量分布，陆封性鲑在两大流域中仅有少量分布。瑞典的苏诺瓦（Suorva）大坝和水库建成前，天然湖泊河流里盛产北极红点鲑（*Salvelinus alpinus*）、鳟（*Salmon trutta*）和白鲑（*Coregonus lavaretus*），当地的土著居民以捕鱼为生。大坝建成之后，浅湖区在干旱的冬季经常干枯，作为鱼类食物的营养性微生物减少，造成各种鱼类数量急剧下降，给当地渔业造成了很大的损失。

此外，兴建大型水利工程还会改变河流流速、水道深度和宽度、河道的运输能力、动植物区系组成、河流水质、流域土质、自然景观等，这些都是在水利工程建设时不容忽视的问题。

鉴于修建大坝水库可能会带来一系列环境问题，20 世纪后期以来，世界各国尤其是一些发达国家反对筑坝、拆除废旧大坝的呼声日益高涨，对筑坝等大型水利工程的建设采取极其慎重的态度，尤其是当河流中存在有重要保护价值的水生生物时，对该流域水电资源的开发就更加慎重。

为了降低或减轻拦河设施对鱼类等水生生物的不利影响，一些国家制定了有关物种保护的法律法规，实施了相应的保护政策，制订了一系列物种保护计划，并采取了一些保护措施，例如：通过立法确定保护区域，禁止开发可能造成严重环境问题的水电建设项目；对于正在修建或已经修筑的大坝采取补偿措施，如修建鱼梯、鱼道等过鱼设施，以保证鱼类的洄游，尽可能保持河流生态的连续性，减少对鱼类等水生生物的不利影响；对保护鱼类进行人工繁殖和放流，并对捕捞和垂钓等活动加以限制，维持一定的鱼类种群大小；拆除废旧的水电大坝，实施河流的恢复行动等。

兴建拦河坝要有过鱼设施（水生生物通道的习惯称呼）在某些国家早有明文规定，我国也有类似的规定。兴建过鱼设施的目的有：①使亲鱼通过水利工程并到达产卵地点；②保证亲鱼有足够数量的产卵场；③为亲鱼的产卵、鱼卵的孵化、仔稚鱼的发育、幼鱼的索饵和成长创造必要的条件；④为幼鱼和产卵后的亲鱼的降河洄游创造有利条件。此外，还要防止鱼类落入引水物的各种设备，才有可能对鱼类资源进行有效补偿。

1.3.3　建立过鱼设施的必要性

江河上修建水利设施后，坝下水流、水温和流量受到人为调节，改变了原有的水文条件，在不同程度上影响着渔业资源，具体表现如下。

1. 阻隔鱼类的产卵和索饵通道

兴修水利设施对江湖或江海之间的阻隔作用，也影响到往返于江湖或江海之间鱼类的产卵与索饵活动。

受大坝阻隔不能溯河洄游产卵和索饵的鱼类种类不少，如在美国有大麻哈鱼属（*Oncorhynchus*）、钢头鳟（*Oncorhynchus mykiss*）、美洲鳗鲡（*Anguilla rostrata*）等；在俄罗斯有大麻哈鱼、小白鲑（*Coregonus sardinella*）等；在我国有中华鲟（*Acipenser sinensis*）、白鲟（*Psephurus gladius*）、鲥（*Tenualosa reevesii*）、胭脂鱼（*Myxocyprinus asiaticus*）及河蟹[中华绒螯蟹（*Eriocheir sinensis*）]等，它们受影响的程度不一。

2. 破坏或改变拦河工程下游的鱼类产卵场条件

大坝或水闸下游的流速和流量在发电、灌溉等调节之后，改变了原有河道的水文状况，如浙江富春江水库下游，洪峰削平，径流量减少，汛期缩短，同时受新安江水库下泄导致水温下降的影响，大大延缓了水温回升的速度，繁殖盛期水温偏低，破坏了鲥的产卵条件，导致鲥绝迹。湖北丹江口水库下游因洪峰显著削弱，水位变化幅度变小，流水产卵鱼类所需的涨水过程基本消失，使原来鱼类产卵场的规模变小或位置下移。

3. 溪流性和喜流性鱼类栖息活动范围缩小

库区的水流缓慢或静止，栖息在库区原河道的溪流性和喜流性鱼类不能适应，逐渐移向上游，致使库区鱼类数量减少或消失。例如，栖息在富春江水库库区原河道的圆吻鲴（*Distoechodon tumirostris*）、大眼华鳊（*Sinibrama macrops*）、光唇鱼（*Acrossocheilus fasciatus*）、鳤属（*Zacco*），栖息在丹江口水库原河道的多鳞铲颌鱼（*Varicorhinus macrolepis*）、伍氏华鳊（*Sinibrama wui*）、马口鱼（*Opsariichthys bidens*）等在库区的数量锐减或消失，其分布范围大为缩小。

4. 水文状况改变导致鱼类资源下降

水利枢纽建成后，江河径流受到人为调节，入海淡水量大为减少，而进潮量反而增加，致使河口含盐量增加，因而扩大了咸淡水区域的范围。在钱塘江河口，由于上述变化，许多近海鱼类如犁头鳐科（Rhinobatidae）、斑鰶（*Konosirus punctatus*）、细鳞鲬（*Terapon jarbua*）、赤鼻棱鳀（*Thrissa kammalensis*）等，在河口出现的频率大为增加。我国沿海河流由于修建闸门，广盐性河口鱼类，如鲻（*Mugil cephalus*）、梭鱼（*Liza haematocheila*）、花鰶属（*Clupanodon*）等不能进入河流，由于下泄水减少，河口近海的这类鱼也大为减少。埃及尼罗河（Nile River）兴建阿斯旺（Aswan）大坝后，泄水量只有建坝前的18%，输出的营养物质锐减，坝下鱼类减少，趋向小型化。最严重的是，河口的小沙丁鱼属（*Sardinella*）的产量大幅度下降，从1963年的3.8万t下降到1976年的0.74万t。

大坝的阻隔切断了洄游性鱼类的上溯通道，造成鱼类生境破碎化，鱼类交流机制减少或消失，从保护生物多样性和减少工程不利影响方面考虑，修建过鱼设施是必要的，它对保护流域鱼类资源、维护区域的生物多样性，以及更好地发挥工程的生态效益，使之达到经济、社会和生态效益的协调统一都有着重要的意义。

1.3.4　过鱼设施的由来和历史

过鱼设施，就是利用鱼类的趋流性，在进鱼口处产生一股流速比周围更大的水流，将鱼引诱进去，鱼类能否对进鱼口的流速产生反应和鱼类能否克服进口水流的流速，关系到过鱼设施的成败。早期的过鱼设施，常常是在岩石上开凿池式斜槽，供溯河鱼类逐级沿梯而上，故称鱼梯，这也许是鱼道的雏形。后来流行木鱼梯，内设隔板以减缓流速。近年来兴建的过鱼设施多为钢筋混凝土结构。

国外主要的过鱼对象一般为鲑和鳟等具有较高经济价值的洄游性鱼类。欧洲修建鱼道的历史有300多年，1662年法国西南部的贝阿恩（Béarn）省曾颁布规定，要求在坝、堰上建造供鱼上下行的通道。20世纪，随着西方经济的飞速发展，对水电能源、防洪和城市供水等需求的不断加大，水利水电工程日益蓬勃发展，同时这些工程对水生生物的影响也日益突出，鱼道的研究和建设也大量展开。19世纪末到20世纪初，挪威人兰德马克（Landmark）和比利时人丹尼尔（Denil）（杨红玉 等，2021）对斜槽加糙物进行了长期的研究，其成果丹尼尔式鱼道至今还在沿用。1938年美国在哥伦比亚河的邦纳维尔（Bonneville）大坝建成世界上第一座拥有集鱼系统的大规模现代化鱼梯。对于高度较低的大坝，传统鱼道因其较高的性价比而被广泛使用。但随着大坝设计高度的增加，人们必须寻求一种替代设施来作为有效的过鱼通道，所以出现了鱼闸和升鱼机。这两种设施与传统鱼道相比，鱼类自身不需要很多努力就可以实现溯河洄游。1949 年，在爱尔兰都柏林（Dublin）附近莱克斯利普（Leixlip）的利菲河（Liffey River）上建设了第一座现代鱼闸。同一时期，在美国和加拿大，具备诱鱼和运鱼功能的升鱼机作为有效的过鱼设施被运用于高坝上。据不完全统计，至 20 世纪 60 年代初期美国和加拿大共有过鱼设施 200 余座，西欧各国有 100 余座，苏联有 18 座以上。至 20 世纪末，鱼道数量明显增加，在北美有近 400 座，日本则有 1 400 余座。其中，最高、最长的鱼道分别是美国的北汊（North Fork）坝鱼道（爬升高度 60 m）和帕尔顿（Palton）鱼道（全长 4 800 m）。

1.3.5　过鱼设施的种类和特点

1. 仿自然旁通道

仿自然旁通道是通道模仿自然河流外观，呈现自然水道的形式（图 1.1）。仿自然旁通道的长度非常长，适合于需要放置鱼道以恢复鱼类洄游的已建坝的改型，因为一般它不要求改变坝体本身的结构。

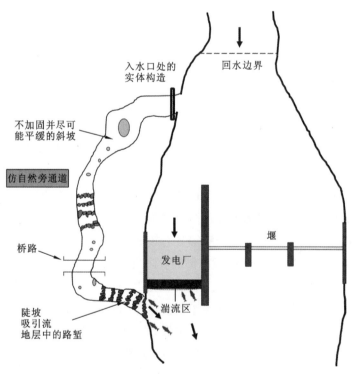

图 1.1　仿自然旁通道

建造仿自然旁通道不仅为鱼类洄游提供了通道，而且也为喜流性鱼类将仿自然旁通道作为生境创造了必要条件。这些仿自然旁通道的特征是坡度非常低，一般为1%~5%，在低地河流中甚至更小。其不像在水池式鱼道中那样有明显的、系统分布的落差，能量是通过自然水流中有规律的急流或小瀑布耗散的。而且，仿自然旁通道保持和恢复了河流连续性，因为它提供了与未受干扰河流类似的流动条件，从而可使洄游性鱼类等水生生物绕过整个蓄水区域，同时也不受蓄水导致非生物性边界条件的突发变化的影响。

优点：它形成新的生境，尤其可以作为喜流性鱼类的次要群落生境；其通常不要求对坝进行结构改造，特别适合没有鱼道的现有坝的改型。

缺点：占地面积大；对上游水位波动敏感，如进水口处无特殊装置（闸门等），就无法适应上游水位的显著变化。

2. 技术性过鱼设施

1）水池式鱼道

水池式鱼道是最常见的鱼道类型，其原理是通过安装隔板，将上、下游水隔开，形成一个个有落差的水池（图1.2）。相邻的池室设有隔板，鱼通过隔板底部（浸没孔）或顶部（凹口），从一个水池迁移到下一个水池。水池有双重作用：一方面通过水流对冲、扩散来消能，达到改善流态、降低过鱼孔流速的目的；另一方面水池中流速较低处可为鱼类提供隐蔽处和休息机会。

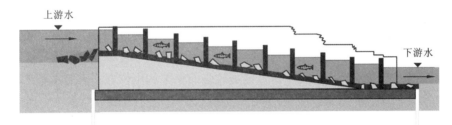

图 1.2　水池式鱼道（纵截面）

优点：过鱼类型不但包括游泳能力强的鱼类，建造连续粗糙的底部也可以为底层鱼类上溯提供机会；水池式鱼道所需的均是较低的流量（0.05~0.5 m^3/s）。

缺点：有碎屑堵塞孔口风险，维护成本较高。

2）垂直竖缝式鱼道

垂直竖缝式鱼道是水池式鱼道的一种变体，在这种鱼道中，隔板上有一竖缝凹口，凹口的高度正好等于隔板的整个高度（图1.3）。横墙可能有一个或两个竖缝，视水体的大小和可用的流量而定。

优点：可以确保游泳能力弱的鱼类和仔稚鱼的上溯；适合底栖鱼类和开阔水域的鱼类；对下游水位的变动不敏感；相较于传统鱼道不易堵塞；小溪和大河均适用；垂直竖缝式鱼道能应付100 L/s到数立方米每秒的流量。

图 1.3　垂直竖缝式鱼道

缺点：易造成池室内水流的弯折和紊动。

3）丹尼尔式鱼道

丹尼尔式鱼道是比利时工程师丹尼尔首创的，今天根据其名字命名为丹尼尔式鱼道（杨红玉 等，2021）。其原理是在坡度较陡的矩形水槽的底板或壁上，设置间距很小的隔板和砥坎，这些隔板间形成的回流耗散大量的能量，并在隔板开口下部产生相对低的流速（图 1.4）。丹尼尔式鱼道内水流的特点在于流速、湍流度及曝气程度均很高。这类鱼道具有较强的选择性，一般适用于游泳能力较强的鱼类和水位差不大的水利工程。

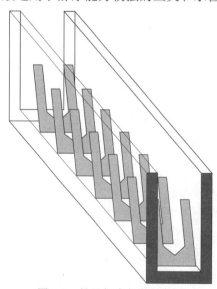

图 1.4　丹尼尔式鱼道示意图

优点：丹尼尔式鱼道可以用于对空间要求小的陡坡；可预制通道构件；适用于没有鱼道的现有大坝的改型；对下游水位变动不敏感；在下游水中形成有效的吸引流。

缺点：对上游水位变动高度敏感；与其他类型鱼道相比需要相对高的流量；碎屑堵塞容易扰乱其运行，需定期检修；仔稚鱼和游泳能力差的鱼通过的可能性较低。

4）鱼闸

鱼闸的运行原理与通航船闸极其相似。鱼闸的运行可分为 4 个阶段（图 1.5）。

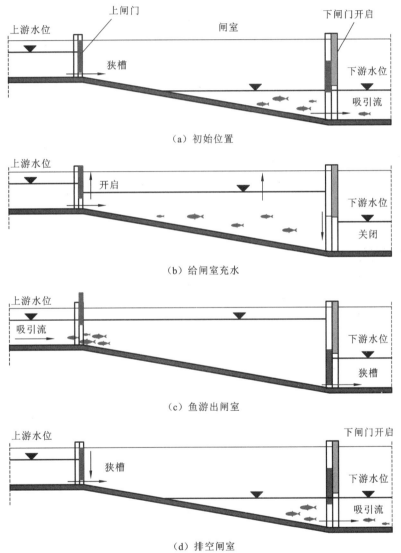

图 1.5　鱼闸运行原理示意图（纵截面）（Vigneux，2009）

（1）鱼闸闲置（初始位置）。下闸门开启，且闸室中的水位与下游水位同高。鱼必须由导流引路，从下游水进入闸室。轻启上闸门，或通过旁路输水可达此目的。鱼在闸室中聚集。

（2）闸室充水（给闸室充水）。关闭下闸门，缓缓开启上闸门至全开。来自上游的水流将闸室中的鱼引导到上出口。

（3）闸室中的水位与上游水位一样高（鱼游出闸室）。通过下闸门中的狭槽引入下游水，上游水的出口处产生吸引流。鱼找到出闸室的路。

（4）关闭上闸门并开启下闸门后，排空闸室，闸又处于闲置状态。

优点：适用于没有很大的空间但有非常大的高度差需要克服的水坝。

缺点：容量有限；与传统鱼道相比，活动部件、传动系统和控制系统需要增加维护成本。

5）升鱼机

升鱼机的操作原理是用一个集鱼箱直接截获鱼。升高集鱼箱到达坝顶（图 1.6）。到达坝顶后，集鱼箱下部向前翻转，将鱼倒入集鱼池。

图 1.6　升鱼机

优点：能克服较大的高度差；所需空间小；适用于游泳能力弱的鱼类及较大型鱼类的过坝。

缺点：下游水位变动大意味着在提供充足的吸引流时有结构设计问题；升鱼机的维护费用高于传统鱼道。

6）鳗鲡梯

鳗鲡是一种降河洄游性鱼类，生活在几乎所有与海洋连接的静水和流水中，鳗鲡在淡水中生长直至性成熟，然后在性成熟期沿河而下入海。鳗鲡梯通常布置在平缓的明渠中，以钢筋混凝土或塑料制成，配备帮助鳗鲡向上游迂回的辅助设施（图 1.7）。鳗鲡梯仅适用于鳗鲡溯河洄游。

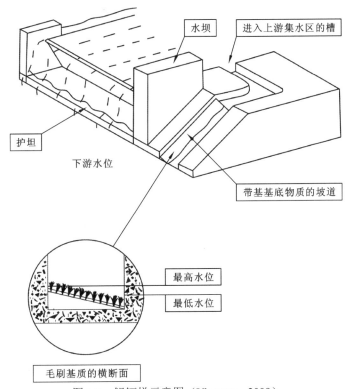

图 1.7　鳗鲡梯示意图（Vigneux，2009）

1.3.6　国外过鱼设施建设进展

世界各国在兴建水利设施的过程中，都遇到了水坝阻碍鱼类洄游通道、影响鱼类资源的问题。为解决这一问题，都在拦河工程上修建了过鱼设施——鱼道、鱼闸和升鱼机等。并且，一些国家在其相关的法律中明确规定，修建拦河大坝必须修建相应的鱼梯、鱼道等过鱼设施，以保证洄游性鱼类的迁移活动不被完全阻断。

1. 北美洲

以美国和加拿大为例，截至 21 世纪初，美国约有 76 000 座大坝，其中约有 2 350 座用于水力发电，只有 1 825 座是由联邦能源管理委员会（Federal Energy Regulatory Commission，FERC）批准许可的非联邦工程。在 FECR 许可的水电工程中，使用了上行鱼道设施和下行通道技术的水电站分别占 9.5%和 13%。沿太平洋及大西洋海岸带，建立鱼道的要求非常普遍，因为这些地区非常重视该流域重要的溯河产卵洄游鱼类，而且在落基（Rocky）山脉还有非常有价值的休闲渔业。

美国和加拿大的西海岸的上行鱼道技术设计有着重大进步。在该地区，自从 20 世纪 70 年代在哥伦比亚河上建立第一座大坝以来，过鱼设施变得越来越先进。近年来，美国在哥伦比亚河上修建了大约 40 座大型水利工程。对于包括鲑科鱼（大麻哈鱼属和虹鳟）、鲱科鱼[美洲西鲱（*Alosa sapidissima*）、灰西鲱（*Alosa pseudoharengus*）和篮背鲱]，以及条纹石鲈（*Morone saxatilis*）等主要溯河产卵洄游鱼类，上行通道技术得到了较大发展。但是当地没有专门为河湖间洄游鱼类设计的上行过鱼设施，即使有些河湖间洄游鱼类需要这种设施，如俄勒冈叶唇鱼、胭脂鱼、白鲑、鲤科鱼、雅罗鱼、刺盖太阳鱼、南乳鱼。这些鱼类所用的鱼道大多数为侧面具有 V 字形缺口和小孔的水池式鱼道（如冰港水池式鱼道），或者是垂直竖缝式鱼道。所有这些鱼道必须适应上下游水位的变化。

自 20 世纪 60 年代在美国新英格兰（New England）地区主要河道[康涅狄格河（Connecticut River）、梅里马克河（Merrimack River）、佩诺布斯科特河（Penobscot River）、圣克洛伊河（Saint Croix River）]开展恢复溯河产卵洄游鱼类的活动以来，在美国及加拿大东海岸，鱼道设计直到 21 世纪初才取得发展。所有类型的鱼道都用于保护以下鱼类：大西洋鲑（*Salmo salar*）、美洲西鲱、鳂状锯腹鲱、条纹石鲈、亚洲胡瓜鱼（*Osmerus mordax*）和溪红点鲑（*Salvelinus fontinalis*）。升鱼机在康涅狄格河、梅里马克河和萨斯奎汉纳河（Susquehanna River）中成功地用于鲱等大型种群洄游。丹尼尔式鱼道在美国缅因州（Maine State）用来帮助大西洋鲑和美洲西鲱的洄游。除丹尼尔式鱼道应用不广泛外，滨海地区的鱼道发展似乎紧紧跟随着缅因州的经验。对于同一种鱼类，使用水池式鱼道和鱼梯效果更好，其落差从亚洲胡瓜鱼的 0.15 m 上升至鲑的 0.6 m。Clay（1995）研究提出，在加拿大东海岸有 240 座鱼道。

Francfort 等（1994）利用美国 16 个案例研究项目的运行监测数据，完成了一项关于加强大坝上游和下游鱼类通道措施的效益与成本的研究，这些工程涉及美国所有过鱼设施类型。结果表明，至少有 6 座鱼道成功地提高了溯河产卵洄游鱼类的上溯通过率或降河后的存活率。最成功的过鱼设施是科纳温戈（Conowingo）大坝上的两台升鱼机，这也是萨斯奎汉纳河中恢复美洲西鲱计划的必要环节，大坝下游成年美洲西鲱数目在 1984～1992 年从 4 000 尾上升到 80 000 尾。尽管所有大坝工程的鱼道都设置了监测设备，但是这些调查研究的范围和严格程度存在很大差异，有些工程的监测仅限于某一季节或仅以肉眼观察为基础。大多数情况下，鱼道过鱼效果的研究只能以增加的过坝鱼类的数量为基础。这种数量的增加对于后来种群大小的影响，目前还不清楚。

2. 欧洲

以英国为例，在英格兰和威尔士约有 380 座鱼道，其中有 100 座以上是在 1989 年以后才建设的。曾经有一段时间，当地只为大西洋鲑修建鱼道，近年来才意识到河湖间洄游鱼类和其他非鲑科溯河产卵洄游鱼类如美洲西鲱[西鲱（*Clupea sprattus*）和河鲱]或鳗鲡也需要鱼道。在英格兰和威尔士最常用的是水池式鱼道，近年来丹尼尔式鱼道也发展起来。在苏格兰，20 世纪 50 年代浸没孔型鱼道、水池式鱼道和鱼梯及鱼闸的应用比较广泛。

以法国为例，在法国，法律（该项法律 1984 年被采用）规定，在有洄游性鱼类的河道内，自由通道必须确保鱼类能够通过所有的屏障物。此法律涉及的洄游性鱼类有：大西洋鲑、海七鳃鳗、西鲱和鳗鲡。法律保护的河湖间洄游鱼类有虹鳟、白斑狗鱼和茴鱼。1984～2001 年，法国建立了 500 多座鱼道或对鱼道进行了改进。研究结果显示，与水利模拟试验和原位监测结果所显示的一样，上行过鱼设施的选择与设计标准已取得较大进步。丹尼尔式鱼道只适用于小型河道的大西洋鲑和海七鳃鳗。用于大西洋鲑的过鱼设施主要有升鱼机和具有垂直竖缝隙或"V"字形凹口的大型深水通道的水池式鱼道。如果同时涉及几种洄游性鱼类，则建议使用水池式鱼道。

以德国为例，德国的过鱼设施建设发展也较快。鱼道涉及的过鱼对象主要是一些河湖间洄游鱼类（鳟、鲤科鱼、鲈科鱼等）。最常用的鱼道是槽式鱼道（Parasiewicz et al.，1998）。然而，在土地紧缺的地方，更多的还是使用传统水池式鱼道和鱼梯。

苏联在亚速海（Sea of Azov）、黑海（Black Sea）、伏尔加河（Volga River）、顿河（Don River）和库班河（Kouban River）都修建有鱼道，涉及的过鱼种类有鲟科、鲱科、鲤科、鲈科和鲇科。另外，苏联共建有 5 座升鱼机：1955 年修建齐姆良斯克（Tsimlyansk）升鱼机，1961 年修建伏尔加格勒（Volgograd）升鱼机，1969 年在伏尔加格勒上游的萨拉托夫（Saratov）修建机械升鱼机，1974 年在库班河（Kouban River）克拉斯诺达尔（Krasnodar）修建机械升鱼机，1976 年将库班河费多罗夫（Fedorov）鱼道改为升鱼机。这 5 座升鱼机中，克拉斯诺达尔机械升鱼机的年过鱼量是 70 万尾，其中闪光鲟 164 尾，俄罗斯鲟 5 尾。萨拉托夫机械升鱼机年过鱼量达 100 余万尾，其中俄罗斯鲟 268 尾，欧洲鳇和闪光鲟基本不过。伏尔加格勒升鱼机过鲟效果最好，平均每年过鲟约 3 万尾，约占坝下鲟鱼群的 10%。顿河水利枢纽的鱼闸是根据亲鱼游泳行为的特点进行设计的，由于鱼闸的位置和结构符合鱼类在水利枢纽范围内的实际分布，每年通过鱼闸的各种鱼[鲟、鲤（Gyprinus carpio）、梭鲈、鳊等]的亲鱼约 100 万尾，游进该枢纽的鲟有 65%以上通过鱼闸。库班河克拉斯诺达尔水利枢纽把鱼引入坝内的升鱼机，在 1974～1977 年约有 400 万尾鱼（闪光鲟、文鳊、梭鲈）通过。

3. 亚洲（不包含中国数据）

以日本为例，日本大约修建了 1 400 座鱼道（Nakamura and Yotsukura，1987）。这些鱼道主要用于溯河产卵洄游鱼类鲑、日本鳗鲡、鲅和香鱼。日本有 95%以上的鱼道是传统的水池式鱼道和鱼梯，其他鱼道则是垂直竖缝式鱼道和丹尼尔式鱼道。香鱼是一种有价值的不定向洄游性鱼类，由于模仿了欧洲的鱼道设计，最初为香鱼设计的鱼道大多数是无效的，主要原因是欧洲的鱼道设计只适用于大型鱼类。1990 年与 1995 年在岐阜（Gifu）举行了两次有关鱼道的讨论会，此后日本开始大力改进鱼道设计，使其适应日本物种。日本鱼道的改进速度很快，被称为鱼道革命。

4. 非洲

非洲境内已知的土著淡水鱼类有 2 000 种以上。自 20 世纪 50 年代以来，用来灌溉和水力发电的水利工程逐渐增多。

西鲱种群出现在北非摩洛哥（Morocco）河中，但是早期修建的鱼道（或其中的一部分）和近年来建造的鱼道似乎都不适合这种鱼类。尽管在斯蒂-赛德（Sidi-Said）大坝修建了一座丹尼尔式鱼道，但是大坝修建后，西鲱仍从乌姆赖比阿河（Oum er Rbia River）中逐渐消失。1991 年在瓦德（Oued）河的加尔德（Garde）大坝上修建的鱼道既不适合西鲱，也不适应于坝，所以此鱼道是非常失败的。

根据 Daget 等（1988）的记录，大坝似乎仅仅阻碍了河湖间洄游鱼类（如野鲮属、鲃属、鲑脂鲤属、复齿脂鲤属和琴脂鲤属），因为这些鱼类在繁殖周期和洪泛活动期间，在河上下游要进行远距离洄游。大坝对一些急流性鱼类生境的负面影响较明显，这些生境常常位于有急流、峡谷或多岩石群的地区。

在南非，对鱼道的需求只是在最近才变得比较明显。这个国家的淡水鱼类多样性非常低。在沿海岸河流中只有 6 种溯河产卵洄游鱼类，即鲻、淡水鲻和 4 种鳗鲡鱼类（Mallen-Cooper，1996）。在德兰士瓦省（Transvaal）近内陆河道内有河湖间洄游鱼类（主要是鲤科鱼），这种鱼类的成体和幼体都洄游至上游。南非的少数鱼道（1990 年只有 7 座）都以欧洲和北美洲现存的以鲑为过鱼对象的鱼道为模板，并不能满足当地鱼类的需要。

5. 大洋洲

以澳大利亚和新西兰为例。

1）澳大利亚

澳大利亚东南部温带地区大约有 66 种土著淡水鱼类，其中 40%以上要进行大规模的洄游，这对其完成生活史是十分重要的。海岸河流中有一些溯河产卵洄游鱼类或不定向洄游性鱼类，这些鱼类的幼体及成体都洄游至河道上游。在澳大利亚第二大河流系统即默里-达令（Murray-Darling）流域中，多数洄游性鱼类是河湖间洄游鱼类，这些鱼类的成体都要洄游至上游河道。据统计，澳大利亚大约有 50 座鱼道，并且大多数为水池式鱼道。但是这些鱼道的效果都不理想，原因是维护不够，设计不合理，如陡峭的狭槽、急流和湍流都不适宜当地鱼类。

在新南威尔士州（New South Wales State），直到 20 世纪 80 年代中期鲑的鱼道（浸没孔型鱼道和水池式鱼道）及其设计标准才开始被使用。近年来，实验室利用垂直竖缝式鱼道对当地鱼类的研究表明了这种鱼道的积极作用。对垂直竖缝式鱼道（与鲑鱼道相比，这种鱼道减少了水池间的水头损失，减少了湍流）的研究证明，其对当地鱼类是有效的。低坡度（1∶30～1∶20）的水渠式鱼道被用在小型障碍物上，这种鱼道的使用仍处于试验阶段。在过鱼方面，它们已取得一些初步的成功，其效果仍需要进一步评估。

在昆士兰州（Queensland State），即澳大利亚热带及亚热带地区，1970 年以前建立了 22 座鱼道，其中多数建立在潮汐大坝上。早期的鱼道设计都以北半球鲑和大麻哈鱼鱼道的设计为样板。然而，对于土著鱼类[主要是鲻和尖吻鲈（Lates calcarifer）]而言，这些鱼道设计是无效的。这些土著鱼类支撑着当地重要的商业渔业。

在鱼道协调委员会（Fish Pass Coordinating Committee）的指导下，昆士兰州开展了一项有关鱼道设计、建设和监测的计划，这个计划能更好地保护当地鱼类的洄游需要。对现存鱼道进行改进的计划已经开始实施。昆士兰州鱼道改造计划的原则是，坝高超过 6 m 的情况下使用水闸，其他大坝则使用垂直竖缝式鱼道，且鱼道内水池间的落差保持在 0.08～0.15 m。

2）新西兰

新西兰已知的土著淡水鱼类有 35 种，其中 18 种是淡海水间洄游鱼类。来自海洋且需要过鱼设施的鱼类包括 3 种鳗鲡（*Anguilla* spp.），1 种七鳃鳗（*Geotria australis*），5 种南乳鱼属（*Galaxias* spp.），2 种青瓜鱼属（*Retropinna* spp.），4 种鮈塘鳢属（*Gobiomorphus* spp.），冰河鱼（*Cheimarrcthys fosteri*），鲻（*Mugil cephalus*）和菱鲽（*Rhombosolea retiaria*）。另外，还有一种虾也需要过鱼设施。而且，有许多海洋鱼类已经受到了下游河道内建筑物的影响。淡海水间洄游鱼类中，南乳鱼属和鳗鲡构成了重要的商业渔业、休闲渔业和传统渔业的基础。除了这些土著鱼类，至少有一种引种鲑也是来自海洋并且也需要过鱼设施。其他外来种大多已成为内陆型种群（特别是引入的褐鳟和虹鳟），有些种类也能在河流系统内洄游。

1947 年鱼道规章赋予渔业管理部门一项特殊的权力：有权要求在鲑或大麻哈鱼存在或有可能存在的河道上的任何大坝或堤堰处修建鱼道。然而，土著鱼类却没有被纳入保护范围。实际上，当时渔业管理者提倡排除幼鳗，认为这对上游引进的鲑种群是有利的。到 20 世纪 80 年代初期，在遍布新西兰全国的 33 个大型发电站、供水坝及防洪坝上只修建了 8 座鱼道。这 8 座鱼道都用来保护鲑，因为鲑是最具经济价值的鱼类，尽管它们是引入的外来种。

直到 1983 年引入淡水渔业管理规章后，土著鱼类的鱼道建设才步入正轨。虽然自 20 世纪 80 年代以来新西兰已经建立了一些鱼道，但是无论是在大坝上还是在鱼堰、涵洞中，仍然存在着许多妨碍洄游的屏障。为了帮助土著鱼类进入上游，可以沿着屏障物处的岩石或树枝设置管子或斜坡。尽管高坝的过鱼设施已经取得了一些成功，但是这些类型的鱼道对低水头大坝更加有效。对于高大的大坝，更成功的方式是捕捉和拖运。在高大大坝处，使幼鳗、南乳鱼属和大鮈塘鳢通过坡道集中进入集鱼箱内，然后运输至上游。在具有多个大坝的系统中，或者因为水流分流问题而使鱼道受到限制的地方，这种方式尤其有效。

随着鱼道和集运鱼系统的日趋成熟，下行鱼道（尤其是成体鳗鲡的鱼道）问题亟须解决。迄今为止，还没有任何水电工程安装了下行过鱼设施。

6. 南美洲

南美洲约有 5 000 种淡水鱼类，其中 1 300 种以上的鱼类分布在亚马孙河（Amazon River），这里的很多地方需要修建鱼道。大型河道内的鱼类群落主要由河湖间洄游鱼类鲮脂鲤科和鲇科组成。鲮脂鲤科中,鲮脂鲤属(*Prochilodus*)在渔获物中占据了相当大的比例。鲇科包括油鲇属(*Pimelodus*)、短平口鲇属(*Brachyplatystoma*)、鸭嘴鲇属(*Pseudoplatystoma*)和吸口鲇属(*Plecostomus*)。这些鱼类的洄游距离在 200~1 000 km。

以巴西为例,水利水电工程蓄水被认为是对亚马孙河渔业威胁最严重的人类活动,据 Petrere(1989)统计,直接由中央政府管理的大坝约有 1 100 座。在上游河段建设大坝似乎导致了库区及上游河道内洄游鱼类的消失。这些大坝大多数都没建过鱼设施。Petrere(1989)还指出,当时整个南美洲仅有 46 座鱼道和 7 座计划要建或已经在建的鱼道。Godinho 等(1991)在一座鱼道内捕获到了 34 种鱼类。然而,鱼道似乎带有选择性,某一鱼类中只有极少部分个体能够到达鱼道上游部分。他们指出,在低坝的埃马斯(Emas)瀑布处的鱼道似乎更有效。

总体上,南美洲鱼道设计主要依据世界其他地方的经验,其成功的案例很有限,主要原因是缺乏对所涉及鱼类的认识,以及缺乏良好鱼道设计所需要的工程标准。

1.3.7　国内过鱼设施建设进展

中华人民共和国成立以来,在沿江沿海先后修建了许多水利工程,为农田灌溉、水力发电和交通运输发挥了巨大的作用。但在修建水利工程时,没有很好地考虑渔业的利益,大部分都没有修建过鱼设施,致使坝、闸建成后,切断了许多洄游性和半洄游性鱼类的洄游通道,影响其过坝上溯进行产卵繁殖和索饵成长,破坏了鱼类的生态平衡,导致鱼类资源衰退,渔业产量下降。实践使人们认识到,兴修水利工程必须考虑综合效益,水产资源的保护也应给予足够的重视。在兴修水利工程的同时,修建过鱼设施是保护鱼类资源的措施之一。

我国过鱼设施研究始于 1958 年,至今已有 60 多年的历史,我国过鱼设施的研究和建设大致经历了 3 个时期(表 1.1)。

表 1.1　国内部分过鱼设施

序号	工程名称	鱼道类别	修建鱼道年份	鱼道长/m	设计水位差/m	隔板形式
1	江苏盐城大丰斗龙港闸	沿海	1966	50.0	1.50	两侧竖缝
2	江苏射阳利民河闸	沿海	1970	90.0	1.50	同侧竖缝
3	江苏射阳黄沙港闸	沿海	1972	77.7	1.50	两侧竖缝
4	江苏东台梁垛河闸	沿海	1972	54.0	1.00	同侧竖缝
5	江苏南通团结河闸	沿海	1971	51.3	1.00	矩形孔
6	江苏如东斜港河闸	沿海	1972	52.4	1.20	矩形孔
7	江苏海门东灶港套闸	沿海	1972	72.0	—	矩形孔

续表

序号	工程名称	鱼道类别	修建鱼道年份	鱼道长/m	设计水位差/m	隔板形式
8	江苏盐城大丰竹港闸	沿海	—	58.0	1.50	两侧竖缝
9	江苏如东洋口北闸	沿海	—	60.0	1.60	矩形孔
10	江苏灌云烧香河闸	沿海	1973	—	—	—
11	江苏金湖东偏泓漫水闸	内湖	1970	133.0	2.00	同侧竖缝、矩形孔
12	江苏高邮杨庄河闸	内湖	1971	120.0	2.00	同侧竖缝
13	江苏高邮毛塘港闸	内湖	1971	120.0	2.00	同侧竖缝
14	江苏高邮王港闸	内湖	1972	120.0	2.00	同侧竖缝
15	江苏南京高淳杨家湾闸	内湖	1972	64.0	1.50	同侧竖缝
16	江苏南京六合红山窑闸	沿江	1971	108.0	1.80	同侧竖缝
17	江苏扬州邗江瓜州闸	沿江	1970	46.3	1.00	两侧竖缝
18	江苏扬州江都通江闸	沿江	1972	45.0	0.50	矩形孔
19	江苏张家港七干河闸	沿江	1971	48.0	1.00	两侧竖缝
20	江苏扬州邗江太平闸	沿江	1971	297.0		梯形表孔和矩形竖孔
21	江苏扬州江都金湾闸	沿江	1973	150.0	3.00	同侧竖缝
22	江苏扬州江都九龙闸	沿江	—	34.0	0.50	同侧竖缝
23	江苏太仓浏河闸	沿江	1974	90.0	1.20	梯形表孔和正方形底孔
24	江苏滨海南八滩闸	沿江	—	—	—	
25	安徽裕溪闸	沿江	1972	250.0	4.00	同侧竖缝
26	上海奉贤中港闸	沿海	—	45.0	1.60	—
27	浙江长山闸	沿海	1978	210.0	2.00	—
28	浙江萧山围垦闸	沿江	1972	88.0	1.10	—
29	浙江七里垄水电站	水电站	—	450.0	16.80	同侧竖缝
30	湖南洋塘水轮泵水电站	电(泵)站	1979	317.0	4.50	二表孔二潜孔
31	绥芬河渠道拦河坝	沿河	1990(改建)	—	1.50	窄缝与底孔相结合
32	巢湖闸水利枢纽	内湖	2000	137.0	1.00	开底孔的垂直竖缝式
33	广西长洲水利枢纽	沿江	2005	1 200.0	15.29	梯形-矩形综合断面
34	西藏狮泉河水电站	沿河	2005	735.0	—	导墙式
35	伊犁河拦河引水枢纽	沿河	2007	—	—	

序号	工程名称	鱼道类别	修建鱼道年份	鱼道长/m	设计水位差/m	隔板形式
36	新疆开都河第二分水枢纽及两岸干渠	沿河	2008	123.0	2.21	单侧垂直竖缝
37	老龙口水利枢纽	沿河		281.6	18.00	垂直竖缝
38	江西赣江石虎塘航电枢纽	沿河	2008	713.0	9.34	单侧垂直竖缝
39	连江西牛航运枢纽	沿江	2010	—	不同工况不一	垂直竖缝
40	新疆布尔津河山口拦河引水枢纽	沿河	2010	166.5	6.53	矩形断面的垂直竖缝
41	雅鲁藏布江藏木水电站	沿江	2011	—	—	
42	西藏尼洋河多布水电站	沿河	2011	—	—	

初步发展期。1958 年在规划开发富春江七里垄水电站时首次提及鱼道，1960 年在兴凯湖附近首先建成新开河鱼道；至 20 世纪 80 年代，对鱼的生境因素及过鱼设施进行了初步研究并相继建设了 40 余座鱼道。

停滞期。自葛洲坝水利枢纽中采取建设增殖放流站的措施来解决中华鲟等珍稀鱼类的保护问题起至此后的 20 多年，我国在建设水利水电工程时很少修建过鱼设施，相关的技术研究工作几乎停滞，已建过鱼设施多数因运行效果不理想，而闲置或被废弃（如湖南洋塘鱼道）。

二次发展期。进入 21 世纪后，随着我国水利水电资源开发的逐步推进，天然渔业资源严重退化，甚至危及国家级自然保护区珍稀特有鱼类，过鱼设施的研究和建设重新受到重视，一批过鱼设施已建成运行或在规划建设中，如北京上庄水库鱼道、西藏狮泉河鱼道（严莉 等，2005）、珠江长洲枢纽鱼道和长江小南海鱼道等。

1958 年，我国在规划开发浙江富春江七里垄水电站时，首次提及鱼道，最大水头约 18 m。20 世纪 60 年代又分别在黑龙江和江苏等地兴建了鲤鱼港鱼道、斗龙港鱼道、太平闸鱼道等多座鱼道。已建的鱼道大多布置在沿海沿江平原地区的低水头闸坝上，故底坡较缓，提升高度也不大，一般在 10 m 左右，如浏河鱼道，建于 1959 年，水头 1.4 m，全长 101 m，宽 2 m，33 个池室，间隔 2.5 m，主要过鱼对象为幼鳗、幼蟹、青鱼、草鱼、鲢、鳙等中小型鱼，考虑到有少量大鱼通过，故鱼道采用复式梯形断面隔板。该鱼道具有斜坡缓流区及宽阔自由水面，正常过鱼时有利于幼鱼、幼蟹通过，倒灌时能纳苗。鱼道进口设有 6 个集鱼孔，进鱼效果好。1976 年春观测 346 h 发现，该鱼道通过刀鲚、鲤、鳗、花鲈（Lateolabrax japonicus）等 22 000 多尾。例如，该年 5 月 7 日和 9 日共观测 4 h，共过刀鲚 1 955 尾，平均每小时近 500 尾。

我国过鱼设施在经历了停滞期之后，于 21 世纪进入了二次发展期，一批过鱼设施已建成运行或在规划建设中，如吉林老龙口水利枢纽过鱼设施、西藏狮泉河过鱼设施、江西赣江石虎塘航电枢纽过鱼设施等。广西长洲水利枢纽是珠江口以上第一座大型水利工程，位置极其重要。该河段历史上是中华鲟、鲥、花鳗鲡、鳗鲡、七丝鲚、白肌银鱼等

6 种鱼类洄游、肥育的主要通道，其中中华鲟为国家一级珍稀保护野生动物，花鳗鲡是国家二级水生野生保护鱼类。长洲水利枢纽的兴建，截断了这些鱼类的洄游通道，对这些鱼类的生存和繁衍构成了威胁。为此，将鱼道融合进了长洲水利枢纽，采用梯形-矩形综合断面（一侧竖孔加坡孔，一侧方形底孔），交叉布置相邻两隔板过鱼孔的形式（即若上一块隔板的竖孔加坡孔在右侧，则下一块隔板上该孔在左侧），建成了国内长度最长（1 200 m）的鱼道，对保护这些鱼类、维持生态平衡及可持续发展具有重要意义。

随着西南、西北等地区水能资源的开发，在雅鲁藏布江、额尔齐斯河等河流的干支流上均规划了梯级水电工程，为了保护当地渔业资源、保持流域生物多样性，过鱼设施的研究正受到越来越多的重视。狮泉河水电站是位于西藏森格藏布（狮泉河）干流中游的一座以发电为主，兼有灌溉、防洪、治沙等综合效益的枢纽工程。该水电站的兴建，对具有洄游习性的横口裂腹鱼和锥吻叶须鱼造成阻隔，使它们不能由坝下上溯至森格藏布（狮泉河）上游产卵，可能造成鱼类资源的减少。狮泉河水电站坝高仅 32 m，落差 23 m，故需要通过修建鱼道的方式来保护鱼类。鱼道全长 735 m，坡度 1∶28，鱼道净宽 2.5 m，池室长度为 3.7 m，一共有 170 个水池，每隔 10 个水池设立一个长 6.625 m 的休息池（一共 16 个），鱼道流量为 0.774 m^3/s。鱼道单位水体功率耗散。通过近年来的观察发现，该鱼道的兴建在一定程度上减小了工程带来的不利影响，保护了该流域的鱼类资源。

第2章 垂直竖缝式鱼道

2.1 引　言

在多种鱼道构型中，垂直竖缝式鱼道因其较能适应水位变幅、满足不同水层鱼类通过的要求，在国内外被广泛应用。本章以垂直竖缝式鱼道为阐述对象，从它的原理切入，概述它的结构、功能，详细介绍相关设计参数，包括流速、池室尺寸、竖缝宽度、级差及坡度等，并对休息池、观察室的设计和底部基质的选择进行说明。

2.2 原　理

垂直竖缝式鱼道最初是为了让鲑通过加拿大的弗雷泽河（Fraser River）上的急流，经过几个模型的研究后产生的，是池式鱼道的一种变体。垂直竖缝式鱼道是一个带有横隔板和导板的倾斜通道，每个横隔板间有一个垂直的竖缝用来分隔上下游的水位差。根据竖缝数量和位置，垂直竖缝式鱼道可分为同侧竖缝式鱼道（图 2.1）、异侧竖缝式鱼道和双侧竖缝式鱼道（图 2.2）。竖缝处水流的收缩扩散和池室内的回流可以有效地消散水能，且当上下游水位同步变化时，较能适应水位的变幅。

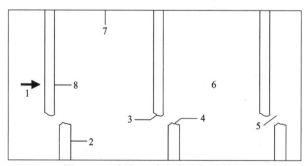

图 2.1　同侧竖缝式鱼道内部结构图

1 为水流方向；2 为导板；3 为导流墩头；4 为隔板墩头；5 为竖缝；6 为池室；7 为边墙；8 为隔板

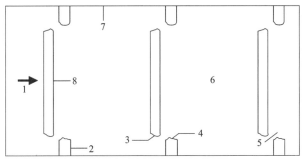

图 2.2　双侧竖缝式鱼道内部结构图

1 为水流方向；2 为导板；3 为导流墩头；4 为隔板墩头；5 为竖缝；6 为池室；7 为边墙；8 为隔板

2.3　设计与尺寸

2.3.1　设计流速

鱼道的设计流速一般根据鱼类的克流能力而定，不应大于主要过鱼对象的临界游泳速度。表 2.1 列举溯河洄游性鱼类、降河洄游性鱼类和半洄游性鱼类三类洄游性鱼类的感应流速、喜好流速和极限流速。

表 2.1　几种鱼类的感应流速、喜好流速和极限流速 [《水利水电工程鱼道设计导则》（SL 609—2013）]

生态类型	种类	体长/m	感应流速/（m/s）	喜好流速/（m/s）	极限流速/（m/s）
溯河洄游性鱼类	中华鲟	成鱼	—	1.00～1.20	1.5～2.5
	大麻哈鱼	—	—	1.30	5
	虹鳟	0.096～0.204	—	0.70	2.02～2.14
		0.245～0.387	—	0.70	2.29～2.65
	刀鲚	0.10～0.25	—	0.20～0.30	0.40～0.50
		0.25～0.33	—	0.30～0.50	0.60～0.70
	美洲鲥[a]	0.40	—	0.40～0.90	>1.00
降河洄游性鱼类	幼鳗[de]	0.05～0.10	—	0.18～0.25	0.45～0.50
半洄游性鱼类	鲢	0.10～0.15	0.2	0.3～0.5	0.70
		0.23～0.25	0.2	0.3～0.6	0.90
		0.40～0.50	—	0.90～1.0[b]	—
		0.30～0.40	—	—	1.20～1.90[c]

生态类型	种类	体长/m	感应流速/（m/s）	喜好流速/（m/s）	极限流速/（m/s）
半洄游性鱼类	鲢	0.70～0.80	—	—	1.20～1.90[c]
	草鱼	0.15～0.18	0.2	0.3～0.5	0.70
		0.18～0.20	0.2	0.3～0.6	0.80
		0.24～0.50	—	1.02～1.27[b]	—
		0.30～0.40	—	—	>1.20[c]
	青鱼	0.26～0.30	—	0.60～0.94[b]	—
		0.40～0.58	—	1.25～1.31[b]	—
		0.50～0.60	—	—	>1.30[c]
		64.40	—	1.06[b]	—
	鳙	0.40～0.50	—	<0.80[b]	—
		0.80～0.90	—	—	1.20～1.90[c]
	鲤	0.37～0.41	—	1.16[b]	—
		0.40～0.59	—	1.11[b]	—
	鲂	0.10～0.17	0.2	0.3～0.5	0.60
	鲌	0.20～0.25	0.2	0.3～0.7	0.90

a 我国尚无鲥的相关数据，美洲鲥的数据供参考。

b 数据来源于中国科学院水生生物研究所室内试验成果，参考该鱼类顶水流游动 30 min 以上的游速确定。

c 数据来源于富春江大比例（1:1.5）模型试验中鱼类克服的孔口流速资料。

d 鱼类的跳跃和"爬行"是鱼类游泳行为的特殊形式。一些鱼类在鱼道中能以跳跃方式越过隔板，如鲢、鳙、鲤、鲑等。健壮的成鱼通常能跳跃出水面 1～2 m。

e 在鱼道中呈蛇形的幼鳗能以"爬行"的方式越过建筑物。幼鳗具有两种"爬行"能力，一是将身体黏附于湿润且具有细流水的建筑物壁面，顺着垂直流下的细流水向上"爬行"，二是借助本身细长的体型，环绕在有垂直下泄细流水的细长杆上缓缓向上"爬行"。

2.3.2　池室尺寸

竖缝的宽度和竖缝的数量（一个或两个）及由此产生的流量决定水池尺寸。水池的大小确保容积功率耗散 $E<200 \ W/m^3$ 时，才能实现水池中的低湍流度流动（Larinier，1992）。当口门宽 0.3 m 时，水池尺寸可设计为：1.8 m×2.4 m；1.8 m×3.0 m；2.4 m×3.0 m 三个标准。同样，当口门宽度为 0.15 m 时，水池尺寸 0.9 m×1.2 m 勉强可以，而 1.2 m×1.5 m 较好。

池室净宽不宜小于主要过鱼对象体长的 2 倍，池室净长可取池室净宽的 1.25～1.5 倍；对于体长超过 0.2 m 的鱼类，最小池室水深应大于最大过鱼体长的 2.5 倍。资料显示，国外鱼道宽度多为 2～5 m，国内鱼道宽度多为 2～4 m；国内外鱼道池室水深一般为 1.5～2.5 m。

2.3.3　竖缝宽度

竖缝宽度直接关系到鱼道的消能效果和鱼类的可通过性。对于 2.5 kg 以上的鲑，竖缝宽度最小为 0.3 m；对于 1 kg 以下的鳟，竖缝宽度可为 0.15 m。国外垂直竖缝式鱼道，一般同侧竖缝的宽度为池室宽度的 1/8～1/6，为水池长度的 1/10～1/8，而我国同侧竖缝的宽度一般为池室宽度的 1/5，为水池长度的 1/6～1/5。这个比例与隔板形式的消能效果有关，消能充分的，比例可以大些，因而双侧竖缝可较同侧竖缝大；此外，这个比例还与每块隔板的水位差有关，隔板水位差小时，这个比例可以大些。

2.3.4　级差及坡度

水池尺寸小，级差（池间落差）也应减小。当水池尺寸为 1.8 m×2.4 m 时，级差应小于 0.3 m。当水池尺寸为 1.8 m×3.0 m 或 2.4 m×3.0 m 时，级差 0.3 m 并不会引起大的紊动。当然，级差还要考虑鱼种，如对于游泳能力较强的钢头鳟，级差 0.3 m 是可行的；而对于游泳能力稍差一些的鲑，级差应减为 0.22 m。我国以鲤科中小型鱼类为过鱼对象的鱼道，每块隔板的水位差一般仅为 4～6 cm。鱼道的坡度一般为 1∶80～1∶30。

2.3.5　休息池

考虑鱼类上溯途中要有休息场所，供鱼类暂时休息、恢复体力，以利于鱼类的继续上溯，每 10～20 个池室设置一个休息池。休息池无底坡，其长度一般为池室的 2 倍。休息池在转弯处需适当加大，防止上游来水撞击对面墙壁的力量过大，也防止因弯道阻力影响休息池的水力学条件，影响鱼类通过。

2.3.6　观察室

当过鱼设施只设一座观察室时，一般设在鱼道出口位置。这样，每尾被记录下来的鱼，都已游完全程，即将进入上游；鱼类经过观察窗的状态可以大致反映出鱼类对水流条件的适应性和体力消耗程度，以此估计鱼道水流条件、过鱼条件的优劣。有条件也可以在鱼道进口部位增设观察室。在该处，可以观察鱼类从天然河道进入鱼道的状态，鱼类对建筑物结构、水深、光色的反应，这对研究鱼道进口设计有很大价值。在进口设观察室，必须设在极荫蔽处，否则将影响进鱼效果。

　　靠鱼道侧设置密封玻璃长窗，隔窗可以看到各种鱼类在水里的活动。观察室内设置摄像机、监视器、电子计数器及常规水质测量设备等。电子计数器用来记录洄游鱼类的种类及数量，摄像机可以录下鱼类通过鱼道的实况，供有研究人员及游客观看，并为今后对鱼类洄游规律和生活习性的研究及鱼道的建设提供依据。

2.3.7　底部基质

　　垂直竖缝式鱼道使贯穿整个鱼梯的无间断底部基质的形成成为可能。鱼道底部材料的平均粒径必须至少为 $d_{50}=60$ mm。只要可能，材料就应与天然底部基质相同。底层最小厚度约为 0.2 m。宜在混凝土凝固前，将能形成支撑结构的石块嵌入混凝土，而细小的基质则可随意添加。底部基质除便于底栖动物（区系）上溯外，还极大地降低了底部附近及竖缝中的流速，使游泳能力差的种类如泥鳅、鮈或杜父鱼通过鱼道向上迁徙成为可能。

第3章 西藏尼洋河多布水电站鱼道设计

3.1 引　　言

《中华人民共和国水法》第二十七条明确规定"在水生生物洄游通道、通航或者竹木流放的河流上修建永久性拦河闸坝，建设单位应当同时修建过鱼、过船、过木设施，或者经国务院授权的部门批准采取其他补救措施，并妥善安排施工和蓄水期间的水生生物保护、航运和竹木流放"；《中华人民共和国渔业法》第三十二条明确规定"在鱼、虾、蟹洄游通道建闸、筑坝，对渔业资源有严重影响的，建设单位应当建造过鱼设施或者采取其他补救措施"。雅鲁藏布江水能资源丰富，其干支流的梯级水电工程建设切断了河流的连通性，阻隔了鱼类的洄游，为了保护当地渔业资源和生物多样性，过鱼设施的建设受到关注。本章以位于雅鲁藏布江支流尼洋河的多布水电站为对象，综合分析尼洋河鱼类资源特点，基于鱼类分布特点和生态习性提出过鱼对象与过鱼季节，在对过鱼对象的游泳能力进行测定的基础上，提出多布水电站鱼道的结构、主要设计参数、附属设施、管理和维护。本章是对第 2 章垂直竖缝式鱼道设计的实例展示，可为同类鱼道设计提供参考。

3.2 概　　况

3.2.1　流域概况

雅鲁藏布江是世界上高海拔大河之一，属印度洋水系。其发源于西藏西南部喜马拉雅山北麓的杰马央宗冰川，上游称为马泉河。其由西向东横贯西藏南部，绕过喜马拉雅山脉最东端的南迦巴瓦峰转向南流，经巴昔卡出中国境，进入印度后称为布拉马普特拉河（Brahmaputra River），进入孟加拉国以后称为贾木纳河（Jamuna River），在孟加拉国与恒河（Ganga River）交汇后注入孟加拉湾（Bay of Bengal）。中国境内的雅鲁藏布江全长 2 057 km，流域面积 24.05 万 km²。由于其水量丰富，落差大而集中，水力资源十分丰富。按平均流量估算，仅干流及五大支流的天然水能蕴藏量为 9 000 多万 kW，仅次于长江，居中国第二位。

雅鲁藏布江干流依自然条件、河谷及径流沿程变化，可划分为河源区、上游、中游和下游。从杰马央宗冰川的末端至里孜为上游段，河长 268 km，集水面积 265 700 km^2，河谷宽达 1~10 km。里孜到派乡为中游段，河长 1 293 km，集水面积 163 951 km^2，两岸支流众多，著名的有多雄藏布、牟楚河、拉萨河、尼洋河等。这些巨大的支流不但提供了丰富的水量，而且提供了宽广的平原，如多雄藏布下游河谷平原、日喀则平原、拉萨河谷平原、尼洋河林芝河谷平原等。派乡到巴昔卡附近为下游段，河长 496 km，集水面积 49 959 km^2。

3.2.2　西藏尼洋河多布水电站工程概况

尼洋河是雅鲁藏布江左岸一级支流，尼洋河流域东西长约 230 km，南北宽约 110 km，流域面积达 17 732 km^2，居雅鲁藏布江各支流中的第 4 位，水量居第 2 位。干流长度为 307 km，总天然落差为 2 080 m，多年平均流量为 541 m^3/s，水能蕴藏量为 3 681.1 MW，平均坡降为 0.172 5%。

尼洋河流域综合治理与保护控制性工程多布水电站位于西藏林芝境内，是一座以发电为主，兼顾灌溉、防洪等综合效益的枢纽工程。多布水电站工程属三等中型工程，设计洪水重现期采用 100 年一遇，总库容为 0.85 亿 m^3。正常蓄水位为 3 076 m 时，水库库容为 0.65 亿 m^3，总装机容量为 120 MW，为日调节水库。坝址以上控制流域面积 15 734 km^2，多年平均流量为 486 m^3/s。枢纽主要建筑物从右岸至左岸依次为土工膜防渗砂砾石坝、泄洪闸、发电厂房、左副坝等。

通过建设尼洋河流域综合治理与保护控制性工程多布水电站，可显著提高该项目周边及下游灌溉土地的灌溉保证率，提高流域的粮食供给能力，推动农村经济持续、协调、健康发展。多布水电站工程具有的防洪功能和库区防护工程的实施，可有效提高库区周边居民及下游城镇的防洪标准，保障人民生命财产安全。尼洋河流域综合治理与保护控制性工程多布水电站的投产运行，不仅可以向藏中电网每年提供约 5.06 亿 kW·h 的优质电能，满足持续增长的电力负荷发展需要，为当地经济社会发展提供能源保障，对西藏少数民族地区特别是林芝的经济发展起到积极作用，还能为当地农牧民"以电代燃"创造条件，缓解当地生态环境的压力。

因此，尼洋河流域综合治理与保护控制性工程多布水电站的实施，对促进本流域生态环境的保护和区域经济的发展有积极作用，社会效益、生态环境效益和经济效益显著，为西藏成为重要的国家安全屏障、重要的生态安全屏障、重要的战略资源储备基地、重要的高原特色农产品基地、重要的中华民族特色文化保护地、重要的世界旅游目的地提供示范和基础。

3.3　尼洋河鱼类资源现状

3.3.1　调查时间与点位设置

为了了解尼洋河鱼类资源现状，尤其是多布水电站影响河段鱼类的生态习性，基于 2008 年的水生生态调查结果，中国水产科学研究院长江水产研究所于 2012 年 3 月对尼洋河多布水电站工程影响江段的鱼类资源进行了现场调查。调查工具包括三层流刺网、地笼。

鱼类调查采样点分布见图 3.1。

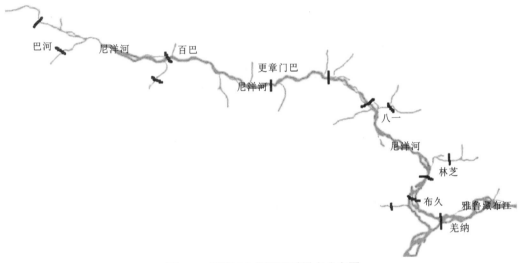

图 3.1　尼洋河鱼类调查采样点分布图

调查采取断面调查和流动调查相结合的方法，根据控制性、代表性原则，在调查范围内干流、主要支流共布设 13 个调查断面，其中干流设置 8 个断面，从上游至下游依次为巴河、百巴、更章门巴、八一（包含两个断面）、林芝、布久、羌纳，支流设置 5 个调查断面，分别为巴河、布久支流、百巴支流、八一支流、林芝支流；重点调查范围为多布水电站工程上游回水区至尼洋河口的干流河段及大型一级支流。

3.3.2　调查内容和方法

1. 调查内容

尼洋河鱼类调查的主要内容如下。

（1）尼洋河鱼类种类组成、种群结构、生长特性、食性、肥满度、性腺发育规律、繁殖习性。

（2）鱼类资源量评估：江河渔业资源量、重要物种资源量。

2. 调查方法

1）鱼类种类组成及资源量

（1）种类组成。通过不同的网具、不同的生境采样，收集鱼类样本，弄清目标河段鱼类种类组成与分布现状，并与历史数据进行对比分析，确定是否有新的分布或新的种类，对历史资料有记载而此次采样未捕获的种类，根据其生态习性分析其在该区域消失的可能性，并结合渔民走访等形式的调查加以证实。

（2）鱼类资源量及种群动态调查。由于西藏地区商业捕捞活动较少，资源量调查主要采取试捕分析方式进行，调查单次捕捞所有渔获物，对渔获物数据进行整理分析，得出各采样点主要捕捞对象及其在渔获物中所占比例、不同捕捞渔具渔获物的长度和重量组成，以判断鱼类资源状况。同时，向沿江各市县渔业主管部门和渔政管理部门了解渔业资源现状及鱼类资源管理中存在的问题。

2）鱼类越冬场、产卵场和索饵场调查

通过以下途径进行鱼类越冬场、产卵场和索饵场调查。

（1）通过访问获得鱼类的繁殖时间、场所，以及在越冬索饵期间鱼类的主要栖息地。

（2）通过渔获物调查，获取鱼类繁殖群体，尤其是处于流卵、流精的个体出现的地点、产卵时间。

（3）在一些可能成为鱼卵黏附基质的地方，寻找黏性鱼卵，获取直接的证据。

3）标本处理和生物学材料收集

（1）标本处理。对采集到的标本测量体长并称体重，同时记录标本被采集地、采集时间、采集人、采集渔具及规格、采集环境特征等信息。

采集的标本全部固定处理后带回。固定液主要是福尔马林、酒精，同时也根据需要取一些组织样本固定于酒精、波恩氏液中，以备深入研究。

（2）耳石等年龄材料的收集和整理。对所有样本进行常规生物学解剖和测量。对大部分样本进行解剖并记录各生物学参数。将耳石、脊椎骨、鳞片作为年龄鉴定材料。其中，将耳石作为年龄鉴定的主要材料。

对于有鳞鱼类，取背鳍前缘下方、侧线上方 2~3 行鳞片，选择形态完好、大小基本一致、轮纹清晰的鳞片 5~10 枚，夹在鳞片本内，并编号记录其种名、体长、体重及采集时间和地点。选择清洗干净、形态完好、大小基本一致、轮纹清晰的鳞片 5~10 枚，夹在两片载玻片中，同样要编号，详细记录其种名、体长、体重及采集时间和地点。无鳞鱼类取鳃盖骨、鳍条和脊椎骨等材料进行年龄补充鉴定。

耳石取出后放置于 95%酒精中脱水，经清洗后，将较平一面用中性树胶固定于载玻片，烘干后在 1000#水磨砂纸上粗磨，然后换 2500#、5000#水磨砂纸细磨，边磨边在奥林巴斯 SZ61 解剖镜下观察，磨至耳石核心清晰时，在酒精灯下灼烧使中性树胶熔化，

在解剖镜下将耳石翻转，冷却后磨至耳石核心，最后用二甲苯封片。

4）记录的规范

渔具名称：三层流刺网、地笼。

测量单位：体长和体重的测量分别精确到 1 mm 和 1 g；性腺重量精确到 0.1 g。

渔获物统计和定量采样：按不同日期、地点，完整记录每次采样获得的每尾鱼的种名、体长和体重；应保证渔获物记录中每种鱼的尾数和重量的准确性，以便推算鱼类种类结构。

3.3.3　调查结果

1. 鱼类种类组成

通过文献资料、实地捕捞取样鉴定及走访调查得知，尼洋河共有鱼类 18 种，隶属于 3 目 4 科 12 属。其中，鲤科鱼类最多，分布有 10 种，占总数的 55.6%；其次为鳅科鱼类 6 种，占总数的 33.3%；塘鳢科、鮡科各 1 种。该河段鱼类组成详见表 3.1。

表 3.1　尼洋河鱼类组成

科	亚科	属	种名
鲤科	鲤亚科	鲫属	鲫 *Carassius auratus*（Linnaeus）
	鮈亚科	麦穗鱼属	麦穗鱼 *Pseudorasbora parva*（Temminck et Schlegel）
	裂腹鱼亚科	裂腹鱼属	巨须裂腹鱼 *Schizothorax macropogon*（Regan）
			异齿裂腹鱼 *Schizothorax oconnori*（Lloyd）
			拉萨裂腹鱼 *Schizothorax waltoni*（Regan）
		叶须鱼属	双须叶须鱼 *Ptychobarbus dipogon*（Regan）
			裸腹叶须鱼 *Ptychobarbus kaznakovi*（Nikolsky）
		裸裂尻鱼属	拉萨裸裂尻鱼 *Schizopygopsis younghusbandi*（Regan）
		尖裸鲤属	尖裸鲤 *Oxygymnocypris stewarti*（Lloyd）
		裸鲤属	纳木错裸鲤 *Gymnocypris namensis*
鳅科	条鳅亚科	高原鳅属	东方高原鳅 *Triplophysa orientalis*（Herzenstein）
			西藏高原鳅 *Triplophysa tibetana*（Regan）
			细尾高原鳅 *Triplophysa stenura*（Hora）
			异尾高原鳅 *Triplophysa stewarti*

续表

科	亚科	属	种名
鳅科	花鳅亚科	泥鳅属	泥鳅 *Misgurnus anguillicaudatus*（Cantor）
		副泥鳅属	大鳞副泥鳅 *Paramisgurnus dabryanus*（Sauvege）
塘鳢科		黄黝属	黄黝 *Hypseleotris swinhonis*
鲱科		原鲱属	黑斑原鲱 *Glyptosternum maculatum*（Regan）

多布水电站调查水域分布的 18 种鱼类中没有国家公布的一、二级保护鱼类。按照《西藏自治区实施<中华人民共和国水法>办法》，该河段有西藏 I 级重点保护鱼类尖裸鲤。同时，该河段有地方特有鱼类和地方主要经济鱼类，如黑斑原鲱、异齿裂腹鱼、双须叶须鱼、巨须裂腹鱼、拉萨裸裂尻鱼。

2. 区系组成与分布

总体上看，尼洋河鱼类区系组成较单纯，主要由两大类群组成：鲤科的裂腹鱼亚科和鳅科的条鳅亚科，裂腹鱼亚科为优势类群。这与整个青藏高原的鱼类组成特点一致，属典型的高原鱼类区系。

裂腹鱼亚科是随着青藏高原的隆升而出现，并随着青藏高原的急剧抬升而特化的类群。尼洋河裂腹鱼亚科大体可以分为三个类群：第一类群为原始类群，鱼体鳞被覆于全身或局部退化，须 2 对，此类群有裂腹鱼属的拉萨裂腹鱼、巨须裂腹鱼、异齿裂腹鱼 3 种；第二类群为特化类群（中间类群），体鳞局部退化或全部退化，须 1 对，此类群有叶须鱼属的双须叶须鱼和裸腹叶须鱼 2 种；第三类群为高度特化类群，体鳞全部退化，无须，此类群有裸裂尻鱼属的拉萨裸裂尻鱼、尖裸鲤属的尖裸鲤及裸鲤属的纳木错裸鲤共 3 种。

原始条鳅亚科在渐新世以前已经出现，在上新世喜马拉雅山脉急剧抬升以前，它们已广泛分布于亚洲大陆。由于青藏高原的逐步隆升，生活于青藏高原及其邻近地区的有鳞条鳅亚科逐步演化为现今的无鳞条鳅亚科——高原鳅属等鱼类。

长期以来，受生活习惯和宗教信仰，以及藏民放生习俗的影响，西藏鱼类资源一直处于一种自生自灭的自然状态，但近年来，由于旅游业的发展及水电工程的建设等，原有的水域生态环境发生了一些变化，从而导致种群结构和鱼类区系组成发生了相应的变化，表现为：土著经济鱼类减少，小型鳅科鱼类增多，外来鱼数量增加；流水性鱼类减少，静水性鱼类增多；洄游性鱼类减少，定居性鱼类增多。

鱼类分布见表 3.2。

3. 鱼类生态习性

1）栖息习性

调查水域海拔高，气候寒冷，水流湍急，生活于该水域的鱼类，如鲤科裂腹鱼亚科和鳅科条鳅亚科的种类，也相应形成了一系列适应特性。它们多能适应峡谷河道的急流

表 3.2　尼洋河鱼类分布

目	科	亚科	属	鱼类种名	尼洋河水系	本次调查采集标本
鲤形目 Cypriniformes	鲤科 Cyprinidae	裂腹鱼亚科 Schizothoracinae	裂腹鱼属 Schizothorax Heckel	拉萨裂腹鱼 S. waltoni (Regan)	+	
				巨须裂腹鱼 S. macropogon (Regan)	+	
				异齿裂腹鱼 S. o-connori (Lloyd)	+	+
			叶须鱼属 Ptychobarbus Steidachner	双须叶须鱼 P. dipogon (Regan)	+	+
				裸腹叶须鱼 P. kaznakovi (Nikolsky)	+	
			尖裸鲤属 Oxygymnocypris Tsao	尖裸鲤 O. stewarti (Lloyd)	+	
			裸鲤属 Gymnocypris Günther	纳木错裸鲤 G. namensis	+	
			拉萨裂尻鱼属 Schizopygopsis Steindachner	拉萨裂尻鱼 S. younghusbandi (Regan)	+	+
		鲃亚科 Gobioninae	麦穗鱼属 Pseudorasbora Bleeker	麦穗鱼 P. parava (Temminck et Schlegel)	+	
		鲤亚科 Cyprininae	鲫属 Carassius Jarocki	鲫 C. auratus (Linnaeus)	+	
	鳅科 Cobitidae	条鳅亚科 Noemacheilinae	高原鳅属 Triplophysa Rendahl	细尾高原鳅 T. stenura (Herzenstein)	+	+
				西藏高原鳅 T. tibetana (Regan)	+	
				东方高原鳅 T.orientalis (Herzenstein)	+	
				异尾高原鳅 T. stewartii (Hora)	+	+
		花鳅亚科 Cobitinae	泥鳅属 Misgurnus	泥鳅 M. anguillicaudatus (Cantor)	+	
			副泥鳅属 Paramisgurnus	大鳞副泥鳅 P. dabryanus (sauvage)	+	
鲇形目 Siluriformes	鳅科 Sisoridae		原鳅属 Glyptosternum McClelland	黑斑原鳅 G. maculatum (Regan)	+	
鲈形目 Perciformes	塘鳢科 Eleotridae		黄黝属 Hypseleotris Gill	黄黝 H. swinhonis (Güther)	+	
				水系有种级类元素	12	4
				水系有属级类元素	18	5

注：“+”表示出现

和低水温的水生生境；体型一般较长，具有较强的游泳能力；腹腔膜黑色，以避免紫外线损伤内脏；繁殖季节较早，以便当年幼鱼有较长的生长期；大多数种类以刮取着生藻类或以底栖动物为食。一般身体裸露无鳞的尖裸鲤属及裸裂尻鱼属，喜欢在高原宽谷河道的缓流或静水水体生活。

2）摄食类型

通过分析，尼洋河流域鱼类的食性可以分为以下几类。

（1）以着生藻类为主，兼食底栖昆虫，包括异齿裂腹鱼、拉萨裸裂尻鱼。这类鱼下颌前缘具锋利的角质，适合铲刮着生于石上的藻类，兼食底栖动物、轮虫、高等植物碎片和卵粒等偶然性食物。

（2）以底栖无脊椎动物为主，兼食藻类，包括巨须裂腹鱼、拉萨裂腹鱼、双须叶须鱼、裸腹叶须鱼、4 种高原鳅。它们通常口部有发达触须，下颌前缘无角质或角质不明显，唇肥厚。主要摄食的无脊椎动物包括寡毛类，线虫类，水生昆虫幼虫如摇蚊幼虫、蜻蜓目幼虫、毛翅目幼虫、蜉蝣目幼虫等。

（3）以小型鱼类为主，兼食底栖无脊椎动物及藻类，包括尖裸鲤、黑斑原鮡。尖裸鲤体型修长，适于快速、长距离游泳来追捕食物，其口裂和咽腔较大，上唇发达有力，能紧紧咬住食物。黑斑原鮡的觅食方式是在巨石缝里游动搜索和贴附在石面上铲刮，主要捕食底栖鱼类。

（4）杂食性鱼类，这类鱼食谱广，包括小型动物、植物及其碎屑，其食性在不同环境水体和不同季节有明显变化，这些种类多是外来种，包括鲫、泥鳅、大鳞副泥鳅等。

3）产卵类型

尼洋河鱼类多为喜好急流生境的种类，产卵场主要集中在水流较缓、砾石浅滩较多的河段。产卵场一般地处河道急转弯处，河面较宽，向阳，光照充足；或地处急流险滩，具有沙和石砾硬质地质；或地处顺流河槽，一边深水流急，另一边为沙滩、卵石滩（碛坝），水流较缓。

根据野外观察和资料分析，高原鱼类的繁殖在河流化冰之后即开始。对于大部分鱼类来说，产卵往往需要 9～14 ℃的水温及适宜的流水条件，因此大部分鱼的繁殖季节是4～6 月。黏、沉性卵产出后，一般发育时间较长，由于卵散布在砾石滩上，大部分掉进石头缝隙中发育。此外，砾石滩的溶氧丰富，水质良好，有利于受精卵的正常发育。

一些小型种类如鳅科、鮡科，它们个体较多，散布于不同的河段、支流等各类水体，完成生活史所要求的环境范围不大，它们主要在沿岸带适宜的小环境中产卵。鱼类的这些繁殖特点是与流域的环境、气候、水文特点有关的一种适应。

4. **鱼类资源及优势种现状**

2012 年 3 月尼洋河鱼类调查共采集鱼类 5 种，分别为拉萨裸裂尻鱼、双须叶须鱼、异齿裂腹鱼、细尾高原鳅和异尾高原鳅。由于调查时属枯水期,水量较小,鱼类数量不多。调查共测量鱼类 288 尾,总重 18 288.4 g。渔获物统计见表 3.3,从渔获物数量占比和重量占比来看,均是拉萨裸裂尻鱼占主要地位。根据渔获物统计结果,拉萨裸裂尻鱼和双须叶须鱼是该河段的优势种群;细尾高原鳅和异尾高原鳅主要分布于支流中,其数量较多,为江段常见种类。

表 3.3　2012 年 3 月尼洋河渔获物调查统计表

鱼名	数量	数量占比/%	重量/g	重量占比/%	体长范围/mm	平均体长/mm	体重范围/g	平均体重/g
拉萨裸裂尻鱼	222	77.08	15 140.4	82.79	31~330	125.0	0.4~493.4	68.2
双须叶须鱼	30	10.42	2 901.0	15.86	35~425	155.8	0.6~667.8	96.7
异齿裂腹鱼	6	2.08	129.9	0.71	89~129	109.0	8.9~34.4	21.7
细尾高原鳅	18	6.25	70.6	0.39	44~99	68.9	0.7~8.4	3.9
异尾高原鳅	12	4.17	46.5	0.25	43~97	68.5	0.7~8.0	3.9
合计	288	100	18 288.4	100				

5. "三场"调查

(1)产卵场。本次调查采集到了雌性成熟的双须叶须鱼,性腺发育处于 IV 期(图 3.2)。从繁殖习性来看,裂腹鱼属对产卵场环境要求不严格。尼洋河裂腹鱼属卵多沉性,需要砾石、沙砾底质,鱼类产卵后,受精卵落入石砾缝中,在河流流水的不断冲刷下顺利孵化,有的裂腹鱼甚至将河滩的沙砾掘成浅坑,产卵于其中并孵化。

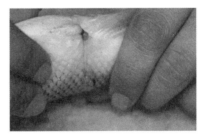

图 3.2　采集到的成熟双须叶须鱼(♀IV 期)

具体来说,尖裸鲤、拉萨裂腹鱼、异齿裂腹鱼、巨须裂腹鱼多在石砾比较粗大、水流平急的地方繁殖,其产卵场多为水流浅急的卵石长滩,水深多在 3 m 以内;拉萨裸裂尻鱼、双须叶须鱼多在水流较为平缓、沙砾较细小的水域产卵,其产卵场多为河流曲流、洄水湾或支流汇口。裂腹鱼属的产卵场分布零散,河道中的心滩、卵石滩、分汊河道的洄水湾及支流汇口等均是裂腹鱼属比较理想的产卵场所。一般而言,宽谷段的上游部分和支流汇口,以及单一河道的宽谷江段,河道弯曲,落差较小,滩潭交替,水流缓急相间,都是裂腹鱼属产卵聚集场所。

总的来说，裂腹鱼属对产卵环境要求不严格，主要集中在支流汇口、少量水流平急的砾石滩和洄水滩。一般，随着温度上升，鱼类从越冬场上溯至浅水区索饵，达到繁殖水温后，即上溯至就近符合条件的水域繁殖，繁殖时虽有集群习性，但繁殖亲鱼并不过于集群，不会形成特别集中、规模庞大且稳定的产卵场。而且，由于宽谷段堆积物深厚，河床并不稳定，产卵场的位置也不是固定不变的，往往洪水季节过后，河道形态就会发生改变，第二年鱼类繁殖季节时，原有产卵场由于环境条件改变，鱼类不再来此繁殖，也会形成新的产卵场，这种多变性从尼洋河上游到下游的宽谷有越来越大的趋势。

（2）索饵场。尼洋河主要经济鱼类多以着生藻类、底栖动物等底栖生物为主要食物，浅水区光照条件好，砾石底质适宜着生藻类生长，往往是鱼类索饵的场所。在每年3月后，随着水温升高，来水量逐渐增大，鱼类开始"上滩"索饵。拉萨裂腹鱼、异齿裂腹鱼、双须叶须鱼、巨须裂腹鱼多在水浅流急的砾石滩索饵，拉萨裸裂尻鱼在水流平缓的曲流和洄水湾索饵，而黑斑原鮡等则主要在峡谷和窄谷江段越冬深潭附近的礁石滩或上溯至支流急流江段索饵。尖裸鲤为凶猛性鱼类，因此，也多在洄水湾及急流滩下的深水区索饵，这些水域一方面是溯河鱼类的栖息场所，另一方面也是拉萨裸裂尻鱼等小型鱼类较为集中的水域，其饵料资源丰富，所以尖裸鲤往往与拉萨裸裂尻鱼协同分布。

对实地调查结果进行分析认为，目前的巴河、八一、羌纳（江河汇流处）为主要索饵场所。

（3）越冬场。尼洋河鱼类主要由鲤科的裂腹鱼亚科和鳅科条鳅亚科中的高原鳅属组成，它们为典型的冷水性种类，长期的生态适应和演化使其具有抵御极低温水环境的能力，能在低温环境中顺利越冬。枯水期水量小、水位低，鱼类进入缓流的深水河槽或深潭中越冬，这些水域多为岩石、砾石、沙砾底质，冬季水体透明度高，着生藻类等底栖生物较为丰富，为其提供了适宜的越冬场所。因此，水位较深的主河道江段都是裂腹鱼亚科适宜的越冬场所。

6. 重要保护鱼类

重要保护鱼类为尖裸鲤[*Oxygmnocypris stewarti*（Lloyd）]（图3.3）。

图 3.3　尖裸鲤

别名：斯氏裸鲤鱼。西藏 I 级重点保护鱼类，被列入《中国濒危动物红皮书·鱼类》和《中国物种红色名录·第一卷红色名录》。

形态特征：背鳍条 iii，7；臀鳍条 iii，5；胸鳍条 i，16～17；腹鳍条 i，8～9；第一鳃弓外鳃耙 8～10，内鳃耙 10～12。

体修长，略侧扁，吻部尖长。口端位，上颌稍长于下颌。上唇较发达，下唇狭细，分左右两叶，唇后沟中断。无须。背鳍起点到吻端的距离明显大于到尾鳍基部的距离，腹鳍基部起点位于背鳍起点之前的下方。体表除肩带部有不规则鳞片及臀鳞外，其他部分裸露无鳞。侧线完全。鳃耙短小，排列较稀疏。下咽骨较狭窄，下咽齿 2 行，3.4/4.3；齿顶端钩曲状。鳔 2 室，后室为前室的 2.4～2.8 倍。肠粗短，短于体长。腹膜灰白色。体背部呈青灰色，体侧灰白色，在头背及体侧常具深灰色斑点，各鳍淡黄色。

食性：主食水生昆虫、摇蚊幼虫，兼食鱼类和水生维管束植物。

现状：仅在雅鲁藏布江中上游干支流海拔 3 000～4 200 m 的河道中分布，是雅鲁藏布江流域主要经济鱼类之一。数量较少，分布区狭小，生长速度缓慢，性成熟年龄晚。近年来捕捞量大，严重超过了其最大可持续产量，导致种群衰退。

7. 主要鱼类生物学特征

通过对尼洋河流域渔获物的统计分析和市场走访调查得知，尼洋河流域的主要经济鱼类包括巨须裂腹鱼、异齿裂腹鱼、拉萨裂腹鱼、拉萨裸裂尻鱼、双须叶须鱼、黑斑原鮡等。近年来，随着西藏林芝旅游业的发展，尼洋河鱼类需求日益增大，随着这些经济鱼类捕捞量的增加，其资源量下降明显。

1）巨须裂腹鱼

别名：巨须弓鱼，是雅鲁藏布江特有种，当地人称其为胡子鱼，濒危物种，被列入《中国物种红色名录·第一卷红色名录》（图 3.4）。

图 3.4　巨须裂腹鱼

形态特征：背鳍条 iii，8；臀鳍条 iii，5；胸鳍条 i，16～17；腹鳍条 i，8～10；第一鳃弓外鳃耙 24～33，内鳃耙 35～43。

体延长，稍侧扁，头锥形。口下位，弧形，下颌前缘有角质，不锐利。下唇分左右两叶，无中间叶，唇后沟中断。须两对，较长，前须末端达鳃盖骨前部，后须末端达主鳃盖骨后部。体被细鳞，背鳍最后 1 枚不分枝鳍条为硬刺，其后缘锯齿深刻，背鳍起点到吻端的距离大于到尾鳍基部的距离，腹鳍基部起点位于背鳍起点的前下方。下咽骨狭窄，呈弧形，下咽齿 3 行，2.3.5—5.3.2，咽齿细圆，顶端尖而钩曲，主行第一枚齿细小，腹膜黑色。

食性：巨须裂腹鱼主要摄食水中的底栖无脊椎动物和水生昆虫，兼食着生的硅藻类。

繁殖习性：巨须裂腹鱼喜栖息于河流入口交汇处，水深一般在 1 m 左右，底质一般为砾石或砂质的滩地，具有短距离的生殖洄游习性，待春季性腺发育成熟、水温适宜时，开始上溯产卵，每年的 5 月、6 月为其产卵季节。

分布：巨须裂腹鱼是雅鲁藏布江特有种，随着人类对自然资源的直接利用，目前其资源量大幅减少。巨须裂腹鱼具有重要的科研和经济价值，必须加强保护。

2）异齿裂腹鱼

别名：异齿弓鱼、欧氏弓鱼、横口四列齿鱼、副裂腹鱼，俗称棒棒鱼，濒危物种，被列入《中国物种红色名录·第一卷红色名录》（图 3.5）。

图 3.5　异齿裂腹鱼

形态特征：背鳍条 iii，8；臀鳍条 iii，5；胸鳍条 i，16～18；腹鳍条 i，8～10；第一鳃弓外鳃耙 24～33，内鳃耙 35～43。

体延长，略呈棒形，吻钝圆。口下位，横裂或弓形。下颌前缘有锐利角质，下唇发达，唇后沟连续。须两对，较短，前须短于眼径，后须长于前须，末端伸达眼径中部下方，前须末端达鼻孔后缘下方。背鳍最后一根不分枝鳍条粗硬，其后缘锯齿深刻，背鳍起点到吻部的距离大于到尾鳍基部的距离。腹鳍基部起点位于背鳍起点的前下方。尾鳍叉形。体被细鳞。鳃耙多，下咽骨宽阔，下咽齿 4 行，1.2.3.4—4.3.2.1，咽齿顶端呈斜截状。腹膜黑色。背侧青灰色，腹部银白色，体侧、背鳍、尾鳍有黑色斑点。

食性：主要以着生藻类为食，食物中偶见底栖无脊椎动物残体。

繁殖：异齿裂腹鱼具有短距离的生殖洄游习性，每年的 4～5 月为繁殖季节，产卵场在浅滩流水处。繁殖季节多在干支流水质清澈、砾石底质的河道处活动。

分布：异齿裂腹鱼仅分布在雅鲁藏布江上中游干支流及附属水体，是雅鲁藏布江特有种，是目前发现的雅鲁藏布江流域中个体较大的鱼。

3）拉萨裂腹鱼

别名：拉萨弓鱼、贝氏裂腹鱼（图 3.6）。

图 3.6　拉萨裂腹鱼

形态特征：背鳍条 iii，8；臀鳍条 iii，5；胸鳍条 i，17～18；腹鳍条 i，9；第一鳃弓外鳃耙 20～22，内鳃耙 25～26。鳞式，$88\dfrac{(24-27)}{(15-19)}97$。

体延长，稍侧扁。头长，吻发达。口下位，呈马蹄形。下颌角质不形成锐利前缘，唇发达，下唇分左右两叶；下唇与下颌之间有一条明显的凹沟。唇后沟连续。须两对，口角须稍长。自鳃峡后之胸腹部具细鳞，体后部鳞片排列整齐，且较体前部为大。背鳍硬刺强壮，其后缘之下 3/4～4/5 部分具深锯齿。腹鳍起点位于背鳍基部起点之前的下方。

繁殖习性：拉萨裂腹鱼喜栖息于峡谷激流中，具有生殖洄游习性，每年 4～5 月为繁殖季节。

分布：拉萨裂腹鱼是青藏高原地区的特有鱼类，主要分布在雅鲁藏布江中游干支流。

4）拉萨裸裂尻鱼

别名：杨氏裸裂尻鱼，当地人称其为土鱼，因其体色而得名。（图 3.7）。

图 3.7　拉萨裸裂尻鱼

形态特征：背鳍条 iii，8～9；臀鳍条 i，17～20；胸鳍条 i，8～20；腹鳍条 i，8～9；第一鳃弓外鳃耙 7～21，内鳃耙 15～25。

体延长，侧扁，头锥形，吻钝圆。口亚下位，弧形。下颌前缘有锐利角质，下唇细窄，分左右两叶，唇后沟中断。无须。背鳍位于体中点稍前，最后一根不分枝鳍条弱，后缘光滑，或锯齿不很明显，十分弱小；极少数强硬，且后缘锯齿明显。胸鳍末端远离腹鳍。腹鳍起点与背鳍第 4～5 根分枝鳍条相对，极少数与第 3 根相对，腹鳍末端不达肛门。臀鳍起点紧邻肛门之后，其末端接近或达尾鳍基。尾鳍叉形。体表除臀鳞外，在肩胛部还有 2～3 行不规则鳞片，其他部分裸露无鳞；侧线完全，基本平直。鳃耙短小，排列较稀疏。下咽齿 2 行，3.4—4.3；齿顶端尖而钩曲，咀嚼面凹陷，呈匙状。鳔 2 室，后室为前室的 2.5 倍左右。腹膜黑色。体背部呈灰褐色，腹部淡黄色，体侧具不规则暗斑，头背侧明显有较大的不规则黑点。

食性：拉萨裸裂尻鱼主要以着生藻类为食，主要有硅藻、蓝藻，兼食枝角类、底栖动物、幼虫及其他昆虫的碎片。

繁殖：拉萨裸裂尻鱼每年 3～4 月为产卵旺季，多在流水处产卵，卵橘黄色，黏性。产卵场多在透明度高、可见底的浅水区，产卵群体最低年龄为 3 龄，一般多在 5 龄以上。产卵场主要有鲁霞、米尼、羌纳、热嘎等。

5）双须叶须鱼

别名：双须重唇鱼，当地人称其为白颊鱼。

形态特征：背鳍条 iii，8；臀鳍条 iii，5；胸鳍条 i，17～19；腹鳍条 i，7～9；第一鳃弓外鳃耙 12～18，内鳃耙 17～21（图 3.8）。

图 3.8　双须叶须鱼

体延长，略侧扁，头锥形，吻突出，口下位，马蹄形。唇发达，下颌无锐利角质前缘，下唇分左右两叶，两唇叶在前端相连，连接处后的内侧缘各向内卷曲，下唇表面多皱纹，无中间叶，唇后沟连续。须一对，末端达眼后缘下方。背鳍最后不分枝鳍条软，后缘无锯齿；背鳍起点至吻端的距离小于至尾鳍基部的距离。腹鳍起点与背鳍第 5～7 根分支鳍条相对。胸、腹部裸露无鳞或仅有很少鳞片，其他部位有鳞片，鳞片较大。下咽骨狭长，下咽齿 2 行，3.4—4.3。咽齿细圆，顶端尖而弯曲。腹膜黑色。背部为青灰色，腹部银白色，体背侧、头部有黑色斑点。

食性：双须叶须鱼是高原底栖冷水性鱼类，常见于以砾石为底、水流较为平缓的水域中，主要以水生昆虫为食，兼食一些着生藻类。

繁殖习性：双须叶须鱼喜栖息于干支流砂石底质的河道中，每年 4～5 月为繁殖季节。

分布：双须叶须鱼是雅鲁藏布江特有种，分布于雅鲁藏布江的干支流，尽管产量没有拉萨裸裂尻鱼、异齿裂腹鱼、巨须裂腹鱼大，但因其肉质细嫩、肉味鲜美，而为人们所喜食。

6）黑斑原鲱

别名：石扁头、巴格里（藏语音），濒危物种，被列入《中国物种红色名录·第一卷红色名录》（图 3.9）。

图 3.9 黑斑原鲱

形态特征：背鳍条 i，6；臀鳍条 i，5；胸鳍条 i，11；腹鳍条 i，5。

体延长，前躯平扁。头扁平。眼小，上位。吻钝圆。口下位，横列，较宽大。上、下颌具齿带，齿端尖；上颌齿带弧形，下颌齿带中间断裂，分成两块。鳃孔大，延伸至腹面。须四对，鼻须生于两鼻孔之间，后伸达眼径或超过眼前缘；上颌须末端尖细，后伸不超过胸鳍基部起点；外颌须后伸达鳃峡或接近胸鳍起点。唇具小乳突。胸部及鳃峡部有结节状乳突。背鳍短，脂鳍低，胸鳍后伸超过背鳍起点。胸鳍和腹鳍不分枝鳍条腹面有细纹状皮褶。腹鳍末端超过肛门，但不达臀鳍，臀鳍基部短。肛门至腹鳍起点的距离约为至臀鳍起点距离的 2.0 倍。尾鳍截形。体表无鳞；侧线不明显。背部和体侧黄绿色或灰绿色，腹部黄白色，体侧有不明显的斑块或黑斑密布。

食性：黑斑原鲱属小型经济鱼类，常栖息在水流缓慢的河流中，主要以水蚯蚓和环节动物及摇蚊幼虫为食。

繁殖：3～5 月为繁殖季节，在砂石底质的河流中产卵。

分布：黑斑原鲱仅分布在雅鲁藏布江中游干支流，是雅鲁藏布江特有种，分布水域狭窄，资源量小，对于藏医有药用价值，具有重要的科研和经济价值。加之近些年旅游业的大力开发，其资源量巨幅下降，应注意保护，目前该种鱼类仅局限于巴松河。

8. 渔业资源现状分析

1）西藏渔业生产概况

西藏特殊的地理和气候条件孕育了独特的鱼类资源，西藏鱼类以适应高寒地区的裂腹鱼亚科、条鳅亚科和鲱科的种类为主，具有耐寒、性成熟晚、生长慢、食性杂等特点，同时鱼类资源容易受外界干扰，资源破坏后恢复困难。

1959 年以后，西藏渔业生产开始起步，雅鲁藏布江中游的拉萨、日喀则等地出现了众多专业和季节性的藏族捕捞队，1964 年雅鲁藏布江中游藏南地区 10 县约有 60 户专业和 140 户兼业捕鱼户利用牛皮筏捕鱼，主要渔具是刺网和小型拖网，20 世纪 60 年代以前西藏年渔业产量为 750 t 左右。20 世纪 60 年代中期，自治区仅剩曲水俊巴和贡嘎龙巴 2 个专业捕捞队，年渔业产量仅 250 t。改革开放以后，自治区各级人民政府及广大群众进一步解放思想，落实政策，从事渔业生产的渔民增多，加上橡皮船、三层流刺网等一些较先进捕捞技术和工具的引进，全区渔业生产迅速恢复和发展，渔业产量大幅度提高，1994 年渔业产量突破 1 000 t，1996 年达到 1 500 t，到 20 世纪末捕捞产量已接近 2 000 t。同时，水产品加工也有所发展，1993 年在那曲建立了西藏第一家鱼粉加工厂，年产鱼粉 70 t。在人工养殖方面，1994 年拉萨市郊引进建鲤、虹鳟并试养成功，带动了西藏鱼类养殖，极大地促进了西藏渔业的发展。养殖区域从拉萨逐步扩展到日喀则、林芝等地区；养殖品种由鲤、鲫、草鱼等大宗品种向虹鳟、大口牛胭脂鱼、亚东鲑等鱼类发展，养殖方式也在单一池塘养殖的基础上发展了流水养殖和大水面增养殖等。目前，全区已有池塘养殖面积 30 hm²，年养殖产量 25～30 t。日喀则养殖亚东鲑，年产量 10 余吨；山南养殖品种有鲤、鲫、金鳟、虹鳟；林芝养殖产量在 30 t 左右。

2）渔政管理

西藏自治区农业农村厅设有畜牧水产处，有专门的管理机构和人员，自治区统一规定 4～6 月为禁渔期。调查范围内捕捞活动较为集中的水域为尼洋河和米林附近宽谷、拉萨河和卡热至桑日的宽谷，以及日喀则附近宽谷，其他江段人为捕捞较少，特别是谢通门以上干支流。因此，渔政管理调查主要涉及拉萨、日喀则、林芝和山南，这些地市都设置了专门的渔政管理机构。但目前来看，沿江县乡渔政管理站网还不太健全，技术人员也相当缺乏，渔政管理较为薄弱，鱼类资源保护形势较为严峻。

3）渔业产量

尼洋河为雅鲁藏布江一级支流，主要捕捞区域在林芝附近水域。据统计，林芝附近水域的日单船产量在 50 kg 左右。

4）主要经济鱼类的种群结构

2012 年 3 月调查的尼洋河干流水域的主要经济鱼类包括拉萨裸裂尻鱼、双须叶须鱼、异齿裂腹鱼 3 种，其种群结构见表 3.4。

表 3.4　水域主要经济鱼类种群结构

种类	常见个体特征	最小个体		最大个体	
		体重/g	体长/mm	体重/g	体长/mm
拉萨裸裂尻鱼	体长分布以 51～100 mm 最多，占总样本量的 39.2%；体重分布以 100 g 以下最多，占 74.3%	0.4	31	493.4	330
双须叶须鱼	体长分布以 100～150 mm 最多，占总样本量的 50.0%，体重分布以 0～50 g 最多，占 80.0%	0.6	35	667.8	425
异齿裂腹鱼	体长主要集中在 80～120 mm	8.9	89	34.4	129

3.4　过鱼对象分析

3.4.1　过鱼对象确定

过鱼设施的主要过鱼对象是过鱼设施设计所需的重要依据，据此才能正确选定适合于这些鱼类通行的过鱼设施形式和结构尺寸，在选取时，应根据我国各地、各江河的具体情况而定。

修建过鱼设施所需要考虑的鱼类主要包含以下几种：①工程上游及下游均有分布或工程运行后有潜在分布可能的鱼类；②工程上游及下游存在其重要生境的鱼类；③洄游或迁徙路线经过工程断面的鱼类。但受过鱼设施结构、大小和位置的限制，很难做到同时满足所有鱼类的需求，在选择过鱼对象时，一般遵从以下原则：

江河中产量较高的洄游性鱼类，如鲥、刀鱼、鳗鲡等，是必须考虑的过鱼对象；

我国独有的、珍贵的及土著鱼类，如中华鲟、白鲟等，也是需要特殊保护的对象；

另外，根据我国各水系中鱼类区系的组成状况，具有较高经济价值的江湖洄游性鱼类也是过鱼设施需要考虑的过鱼对象。

尼洋河多布水电站建成后，将改变坝区及下游局部河段原有的水文条件，基本阻断洄游性鱼类的上溯通道，使鱼类生境破碎，鱼类交流机制减少或消失。

依据过鱼对象选择原则，结合尼洋河鱼类资源的调查结果及多布水电站影响河段鱼类的种群特征、生活习性，分析如下。

首先，巨须裂腹鱼、异齿裂腹鱼和拉萨裂腹鱼具有短距离的生殖洄游习性，且资源量较大，为保证它们能够进行生殖洄游以完成生活史、维护自然鱼类的基因库，将这三种鱼列为主要过鱼对象。

综上所述，选取巨须裂腹鱼、异齿裂腹鱼和拉萨裂腹鱼为过鱼对象，保证上述三种鱼类完成生殖洄游，对其资源进行保护。

3.4.2　过鱼季节确定

过鱼季节指主要过鱼对象需要通过该过鱼设施溯河上行的时段，这与过鱼设施过鱼对象的多寡有关，一般为 3～4 个月。显然，选定较短的过鱼季节，就限制了部分过鱼对象的通过；反之，选用较长的过鱼季节，固然能让更多的鱼通过，但却白白耗去了水库可贵的淡水资源；有时，较长的过鱼季节，也可能使过鱼设施的设计运行水位差和水位变幅增大，导致过鱼设施过长，增加了造价，这也是不适宜的。

过鱼对象中的异齿裂腹鱼、巨须裂腹鱼和拉萨裂腹鱼具有短距离的生殖洄游特点，每年初春，其性腺逐渐发育成熟，在水温适宜的情况下，即顶水上溯游至流速较高的场所产卵繁殖。异齿裂腹鱼在每年的 4～5 月集群产卵，每年的 5～6 月为巨须裂腹鱼的产卵旺季，拉萨裂腹鱼产卵季节多在每年的 4 月。

基于以上分析，确定多布水电站过鱼设施的主要过鱼季节为每年的 4～6 月。

3.5　过鱼对象游泳能力研究

3.5.1　游泳能力概述

在各种类型的拦河建筑物阻隔了上下游鱼类的自由洄游行为和交流的背景下，过鱼设施作为恢复鱼类洄游通道、保护天然渔业资源、实现生物多样性和可持续发展的一种措施，受到越来越多的重视，已成为恢复鱼类种群的重要方法。然而，要确保所建过鱼设施的有效性，必须要求鱼道内及进口处的流速适宜。为确定过鱼设施内的流速，需要对过鱼对象的游泳能力进行研究，其为过鱼设施设计的关键。

1. 研究现状

鱼类游泳行为的研究起源于欧洲，其研究历史可以追溯到 17 世纪。鱼类游泳行为学从最初的单纯测定鱼的游泳速度开始，不断发展完善，从鱼体肌肉收缩的测定到运动耗氧量和能量代谢的研究等，涵盖的学科越来越广泛。

在北美洲和欧洲，针对鲑科鱼类在内的几种洄游性鱼类的鱼道技术非常发达，并且进行了大量的实地调查和室内试验，总结出了用于计算鱼能在较长时间内游泳的速度，其近似表达式为

$$V = (2 \sim 3)\mathrm{BL} \tag{3.1}$$
$$V = 1.98\sqrt{\mathrm{BL}} \tag{3.2}$$

式中：V 为鱼可以克服的流速（m/s）；BL 为鱼体长（m）。其中，式（3.2）经河北省根治海河指挥部勘测设计院、河北省水产局和南京水利科学研究院等单位的校验，有一定的参考价值。

Videler（1993）基于试验结果（试验鱼体长均小于 0.55 m），整理提出了一个方程式（3.3），给出了不同体长 BL（m）的鱼的最大耐久游泳速度（m/s）（图 3.10），表明最大耐久游泳速度（在鱼类不显示疲劳时连续游动的最大速度）只随着鱼类体长的增加而增加。

$$V_{cr} = 0.15 + 2.4BL \tag{3.3}$$

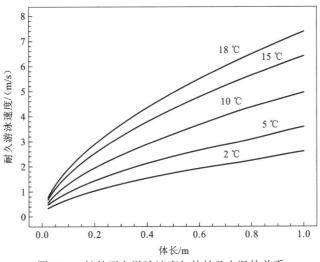

图 3.10　鲑的耐久游泳速度与体长及水温的关系

20 世纪 60～70 年代南京水利科学研究院、河北省根治海河指挥部勘测设计院等单位对一些鱼类的游泳能力做过一些测试，但试验用鱼或经过车船转运体力较差，或为养殖场的塘鱼，测试结果不能准确地指导过鱼设施的设计，为此，在实际设计中，多采用经验公式对鱼类的游泳速度进行估算。

2. 鱼类游泳能力分类

游泳运动作为鱼类重要的生存活动方式，为其捕食、逃逸、洄游、繁殖等提供必要的保障。

传统上常依据鱼类的游泳状态和能量代谢差异，对鱼类的游泳能力进行分类，如图 3.11 所示。

当鱼类处于持续游泳状态时，运动主要依靠红肌肉组织，一般处于有氧运动阶段；当其处于短暂游泳状态时，运动主要依靠白肌肉组织，持续时间很短，主要以无氧代谢提供能量。而在自然界中，游泳运动是一种较不稳定的运动状态，常与阶段性的持续游泳运动、暂停及偶尔性的爆发游泳运动相互穿插发生，因此，多数情况下，会同时运用有氧代谢和无氧代谢。

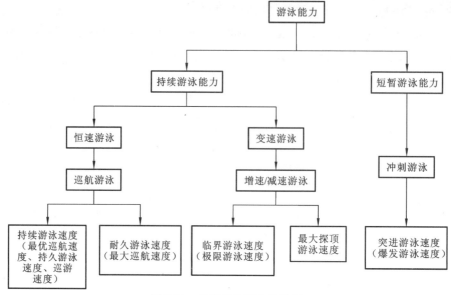

图 3.11　鱼类游泳能力分类表

3. 鱼类游泳能力主要指标

在表 2.1 表征鱼类游泳能力的指标中,目前得到国际上广泛认同,能够衡量鱼类游泳能力和趋流特性的指标主要有以下几个。

需要说明的是,对应于各种游泳状态,通常是在密闭空间的均匀流场下,假定鱼类游泳速度与水流速度相等,用测得的水流速度来表征相应的游泳速度。

1）感应流速

当水体从静止到流动,鱼开始有反应并游向水流时的水流流速,称为感应流速。该指标能够反映鱼类的趋流特性。

2）持续游泳速度

鱼类在持续游泳模式下可以保持相当长的时间而不感到疲劳,其持续时间通常以 >200 min 来计算。此时,鱼类通过有氧代谢来提供能量使红肌纤维缓慢收缩,进而推动鱼类前进。持续游泳速度（最优巡航速度、持久游泳速度、巡游速度）用鱼类游泳至疲劳的时间大于 200 min 时的固定水流速度来表达。

3）突进游泳速度

突进游泳速度（爆发游泳速度）可以衡量鱼类运动的加速能力,是鱼类所能达到的最大速度,维持时间很短,通常 <20 s。此速度下,鱼类通过厌氧代谢得到较大能量,获得短期的爆发速度,同时也积累了乳酸等废物。因此,鱼类如果经常使用突进游泳速度就会疲劳致死。例如,鲑被迫以突进游泳速度游泳 6 min 后致死率达到 40%,其死亡一般发生在竭力游泳后 4~8 h。突进游泳速度通常用鱼类持续游泳 20 s 对应的固定水流

速度来表达。

4）耐久游泳速度

鱼类的耐久游泳速度（最大巡航速度）是处于持续游泳速度和突进游泳速度之间的一类速度，通常能够维持 20 s～200 min，并以疲劳结束。在这种速度下，鱼类所消耗能量的获取方式既有有氧代谢又有厌氧代谢，厌氧代谢提供的能量较高，却容易积累大量乳酸使鱼类感到疲劳。耐久游泳速度用鱼类游泳至疲劳的时间小于 200 min、大于 20 s 时的固定水流速度来表达。

5）临界游泳速度

临界游泳速度（极限游泳速度）为耐久游泳速度的一个亚类，是耐久游泳速度的上限值，指的是鱼类在某一特定时期内所能维持的最大游泳速度。临界游泳速度用于鱼类有氧运动能力的评价，测定时间较短，且得到统计上有意义的值所需试验鱼的数量较少。临界游泳速度的获取对于在保障鱼类通过的前提下，减小工程量，缩短鱼道长度有重要意义，因此，在国际上，一般将临界游泳速度作为鱼道过鱼孔设计流速的重要参考值。

3.5.2　试验设备、材料、方法

1. 试验设备

1）环形试验水槽

鱼类游泳能力试验采用购自丹麦 Loligo System 公司的环形试验水槽（图 3.12），其参数如下。

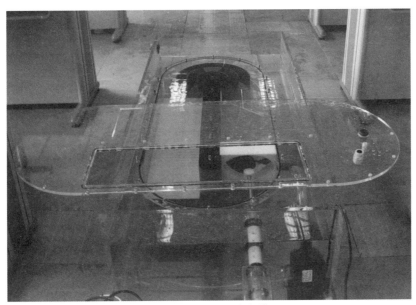

图 3.12　环形试验水槽

材料：防腐蚀材料。

体积：90 L。

测试断面尺寸：70 cm×20 cm×20 cm。

电源：230 V。

功率：50 Hz。

该环形试验水槽的壁面和盖子均采用透明的树脂玻璃，可以从侧面和顶部清晰地观察鱼的游泳行为。

2）流速仪

环形试验水槽内流速的测定采用重庆华正水文仪器有限公司 LS45A 型旋杯式流速仪（图 3.13）。

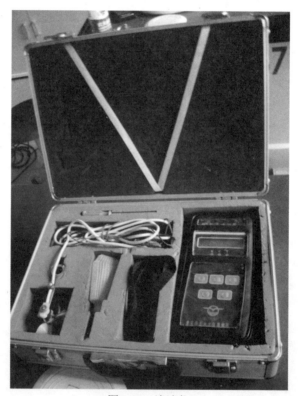

图 3.13　流速仪

3）流速标定

采用上述环形试验水槽和流速仪进行流速标定。测定过程中，将流速仪固定在盖板的圆孔中（图 3.14），逐步调大电机频率，步长为 1 Hz，测量相应频率下的流速，每个频率下读 3 个流速值，取平均值。作出电机频率和相应流速的关系曲线，如图 3.15 所示。

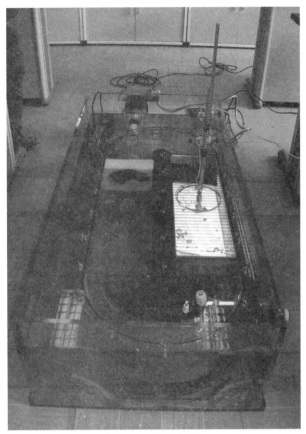

图 3.14　流速测定

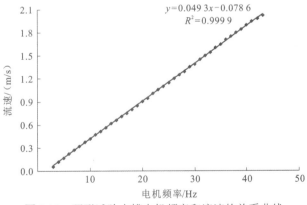

图 3.15　环形试验水槽电机频率和流速的关系曲线

4）温度、溶氧、pH 测量设备

本试验所采用的温度、溶氧、pH 测量设备为维赛仪器贸易（上海）有限公司的 YSI 550A 型溶氧仪、YSI pH100 型 pH 计（图 3.16）。

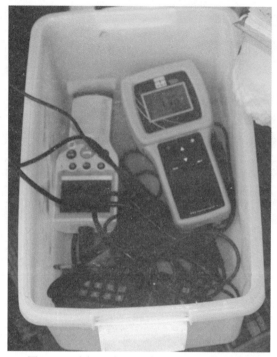

图 3.16　溶氧（含测温功能）、pH 测量设备

2. 试验材料

1）试验鱼来源

试验鱼均来自受多布水电站工程影响的河段，主要采自尼洋河上游工布江达江段（图 3.17）、尼洋河多布水电站坝址下 20 km 处（图 3.18）、尼洋河下游河口处（图 3.19）和尼洋河支流娘曲（图 3.20）。

图 3.17　工布江达江段采集试验鱼

图 3.18　尼洋河多布水电站坝址下 20 km 处采集试验鱼

图 3.19　尼洋河下游河口处采集试验鱼

图 3.20　尼洋河支流娘曲采集试验鱼

2）试验鱼数量

因为在调查江段未捕获到尖裸鲤，所以仅对过鱼对象中的异齿裂腹鱼、拉萨裂腹鱼和巨须裂腹鱼进行试验测试，而对尖裸鲤的游泳能力采用类比的方法获取。异齿裂腹鱼、拉萨裂腹鱼和巨须裂腹鱼每种至少需要 30 尾体格健壮、无伤残的试验鱼，其中用于感应流速、临界游泳速度、突进游泳速度测量的鱼各 10 条，持续游泳时间测量的鱼各 9 条，此外，用于感应流速测量的鱼可以再用于其他参数的测量，但测量其他参数的鱼不可重复使用（表 3.5）。

表 3.5　试验鱼数量

过鱼对象	数量要求下限/尾			
	感应流速	临界游泳速度	突进游泳速度	持续游泳时间
异齿裂腹鱼	10	10	10	9
巨须裂腹鱼	10	10	10	9
拉萨裂腹鱼	10	10	10	9

3）试验鱼尺寸

选择试验鱼的尺寸时有两个考虑：一是要包含各种过鱼对象的性成熟体长；二是要包含从小到大不同的规格，以保证能够获得各种试验鱼体长和各种游泳速度的关系曲线。本试验所采用的各种试验鱼的尺寸如表 3.6 所示。

表 3.6　试验鱼体长统计表

过鱼对象	试验鱼体长/mm
异齿裂腹鱼	135~460
巨须裂腹鱼	150~350
拉萨裂腹鱼	180~375

3. 鱼类游泳能力主要指标测量方法

1）感应流速

感应流速的测量方法有两个。

方法一：

（1）将暂养 48 h 后的单尾试验鱼，按头部顺流的方向放入静水槽中适应 1 h；

（2）按每 20 s 增加 0.01 m/s 逐步调大流速；

（3）直至试验鱼掉头，此时的流速仪读数为感应流速；

（4）取出试验鱼并测量体长、体重等常规参数。

方法二：

（1）取偶数条暂养 48 h 后的试验鱼（≥4 条），按头部顺流的方向放入静水槽中适应 1 h；

（2）按每 20 s 增加 0.01 m/s 逐步调大流速；

（3）直至半数的试验鱼掉头，此时的流速仪读数为感应流速；

（4）取出试验鱼并测量体长、体重等常规参数。

2）临界游泳速度

（1）测定前试验鱼禁食 48 h。

（2）测定时，首先将单尾试验鱼放入水槽中适应 1 h 以消除转移过程的胁迫影响，适应期间槽内流速约为 0.5 BL/s（BL 为试验鱼体长）。

（3）测定过程中，在初始速度（1 BL/s）下持续游泳 20 min 后，不断增加水流速度，流速递增量（Δv）始终为 1 BL/s，每次间隔 20 min，直至试验鱼达到运动力竭状态，力竭的评判标准为鱼停在游泳管尾部筛板 20 s 以上。

（4）取出试验鱼并测量体长、体重等常规参数。

（5）临界游泳速度 U_{crit} 的计算公式为

$$U_{\text{crit}} = v + \left(\frac{t}{\Delta t} \right) \Delta v \qquad (3.4)$$

式中：v 为试验鱼所具有的次最大速度（完成设定持续时间的最大速度）（cm/s）；Δv 为 1 BL/s；t 为在最大速度下的实际持续时间；Δt 为流速递增的时间间隔，为各速度下统一设定的持续时间。

（6）以 cm/s 为单位的上述计算结果可称为绝对临界游泳速度（U_a），以 BL/s 为单位的结果则称为相对临界游泳速度（U_r），其计算公式为 $U_r = \dfrac{U_a}{\text{BL}}$。

临界游泳速度（U_{crit}）是评估鱼类最大有氧运动能力的重要指标，其测定结果的可靠性很重要。有研究发现，在一定范围之内 Δt 的变化对最后的测定结果不会产生影响或影响很小。在以往的研究中，Δt 通常取 20 min 或 40 min，结果差别不大。

3）持续游泳速度、耐久游泳速度、持续游泳时间

持续游泳速度、耐久游泳速度、持续游泳时间可以在临界游泳速度测定的基础上同时测试。

测出鱼类的临界游泳速度后，可根据该速度的一定倍数或百分比设定不同的检测速度，然后采用固定流速法，即保持设定的流速不变，测量鱼所能维持的时间。

（1）测定前试验鱼禁食 48 h。

（2）测定时，首先将单尾试验鱼放入水槽中适应 1 h 以消除转移过程的胁迫影响，适应期间槽内流速约为 0.5 BL/s。

（3）在临界游泳速度（U_{crit}）测定的基础上，设定几个流速值，如 0.6 m/s、0.8 m/s、1.0 m/s 等，按每 20 s 增加 0.1 m/s 增加水流速度。

（4）在每个流速值下，保持流速不变，观察鱼的行为，若设定流速下持续游泳 200 min 以上即可确定该流速为持续游泳速度，否则为耐久游泳速度，同时记录持续游泳时间。

（5）取出试验鱼并测量体长、体重等常规参数。

4）突进游泳速度

突进游泳速度的测量采用流速递增量法。

（1）将试验鱼暂养后，放入水槽中适应 1 h 以消除转移过程的胁迫影响，适应期间槽内流速约为 0.5 BL/s。

（2）测定过程中，在初始速度（1 BL/s）下持续游泳 20 min 后，不断增加水流速度，Δv 始终为 1 BL/s，每次间隔 20 s，直至试验鱼达到运动力竭状态。

（3）取出试验鱼并测量体长、体重等常规参数。

（4）突进游泳速度 U_{brust} 的计算公式为

$$U_{brust} = v + \left(\frac{t}{\Delta t}\right)\Delta v \qquad (3.5)$$

式中：Δv 为 1 BL/s；Δt 为 20 s；v 为前一个流速；t 为上次增速至鱼疲劳的时间。

4. 试验条件

1）试验时间

鱼类游泳能力的试验时间为 2012 年 7 月 9 日~8 月 4 日。

2）试验地点

试验地点位于距尼洋河多布水电站工程所在地约 25 km 的林芝八一中学，整个试验在林芝八一中学的实验室（图 3.21）进行，实验室具备直流电源及常用设备。

图 3.21　试验地点

3）试验用水

为了保证暂养和试验过程中，水体的理化性质和试验鱼的生存环境一致，暂养和试验均采用尼洋河河水，水体的理化指标如下。

水温：15.2～16.5 ℃。

pH：8.0～8.1。

溶氧量：7.3～8.0 mg/L。

4）试验鱼的暂养

试验鱼使用尼洋河河水进行暂养，暂养设备为自制的木箱，用塑料膜覆盖后，隔成不同大小的暂养池（图 3.22）。采用充氧设备保证暂养池内有充足的氧气，并经常换水保持水质和水温的适宜。试验鱼放入池中暂养 48 h，观察伤亡情况，选择体格健壮、无体伤的鱼进行试验（图 3.23）。

图 3.22　试验鱼暂养池

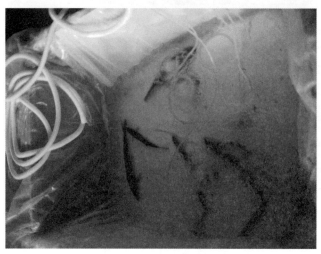

图 3.23　试验鱼的暂养

5）试验现场

　　试验时，向环形试验水槽内注水至自溢状态，盖上盖板，启动螺旋桨将水中存留的气泡带走，再打开盖板放入试验鱼进行试验（图 3.24）。试验时，工作人员尽量远离并保持安静，在不影响试验鱼的情况下记录相关参数（图 3.25）。

图 3.24　试验时仪器操作

图 3.25　试验中的鱼

5. 试验鱼的后处理

试验结束后，从环形试验水槽中取出试验鱼，依次测量体长、全长、体重，对部分试验鱼进行解剖，取性腺、耳石、鳍条、脊椎骨等观察其发育情况及年龄特征，其余的试验鱼暂养后进行放生（图 3.26）。

图 3.26　试验鱼放生

3.5.3 试验结果

1. 感应流速

1）异齿裂腹鱼

本试验中异齿裂腹鱼的体长为 0.140～0.300 m，测试水温为 15.4～16.2 ℃。试验测得其感应流速为 0.035～0.084 m/s，平均值为 0.060 m/s，相对感应流速为 0.238～0.425 BL/s，平均值为 0.298 BL/s。由图 3.27 和图 3.28 可见：随着体长的增加，感应流速增大；相对感应流速的变化比较平稳，与体长的关系不显著。

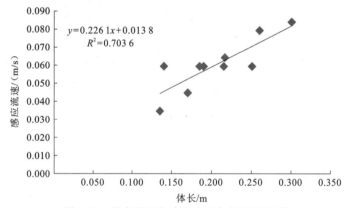

图 3.27　异齿裂腹鱼感应流速与体长的关系

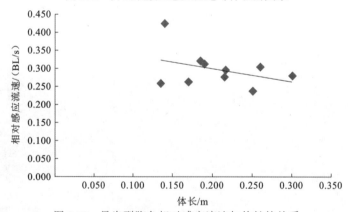

图 3.28　异齿裂腹鱼相对感应流速与体长的关系

2）巨须裂腹鱼

本试验中巨须裂腹鱼的体长为 0.170～0.350 m，测试水温为 15.5～16.3 ℃。试验测得其感应流速为 0.059～0.109 m/s，平均值为 0.080 m/s，相对感应流速为 0.277～0.389 BL/s，平均值为 0.325 BL/s。由图 3.29 和图 3.30 可见：感应流速随着体长的增加而增大；相对感应流速的变化较平稳，与体长呈负相关趋势。

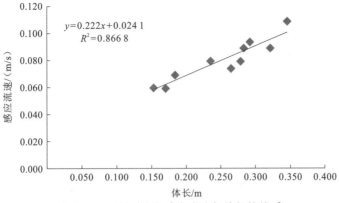

图 3.29　巨须裂腹鱼感应流速与体长的关系

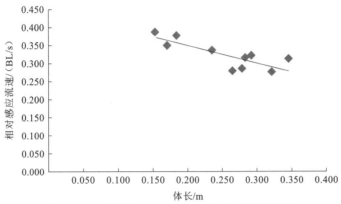

图 3.30　巨须裂腹鱼相对感应流速与体长的关系

3）拉萨裂腹鱼

本试验中拉萨裂腹鱼的体长为 0.180～0.360 m，测试水温为 15.2～16.0 ℃。试验测得其感应流速为 0.039～0.064 m/s，平均值为 0.051 m/s，相对感应流速为 0.141～0.243 BL/s，平均值为 0.190 BL/s。由图 3.31 和图 3.32 可见，感应流速随着体长的增加而增大，相对感应流速与体长的关系不显著。

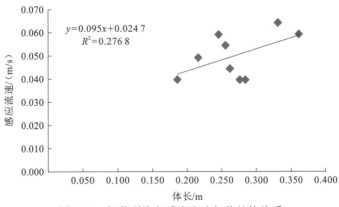

图 3.31　拉萨裂腹鱼感应流速与体长的关系

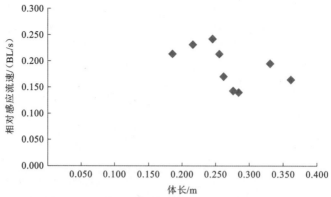

图 3.32　拉萨裂腹鱼相对感应流速与体长的关系

2. 临界游泳速度

1）异齿裂腹鱼

本试验中异齿裂腹鱼的体长为 0.140～0.432 m，测试水温为 15.3～16.1 ℃。试验测得其临界游泳速度为 0.797～1.440 m/s，平均值为 1.128 m/s，相对临界游泳速度为 3.067～6.143 BL/s，平均值为 4.652 BL/s。由图 3.33 和图 3.34 可见，临界游泳速度随着体长的增加而增大，相对临界游泳速度与体长的增加成反比。

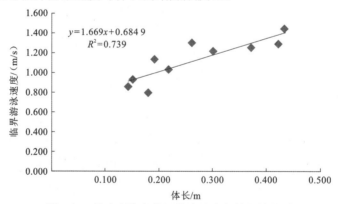

图 3.33　异齿裂腹鱼临界游泳速度与体长的关系

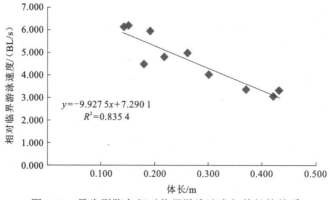

图 3.34　异齿裂腹鱼相对临界游泳速度与体长的关系

2）巨须裂腹鱼

本试验中巨须裂腹鱼的体长为 0.170～0.345 m，测试水温为 15.2～16.0 ℃。试验测得其临界游泳速度为 0.710～1.332 m/s，平均值为 1.038 m/s，相对临界游泳速度为 3.380～5.307 BL/s，平均值为 4.194 BL/s。由图 3.35 和图 3.36 可见，临界游泳速度随着体长的增加而不断增大，相对临界游泳速度呈下降趋势。

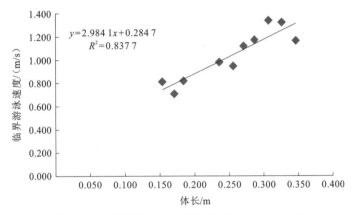

图 3.35　巨须裂腹鱼临界游泳速度与体长的关系

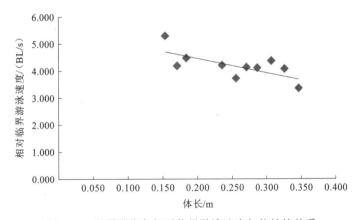

图 3.36　巨须裂腹鱼相对临界游泳速度与体长的关系

3）拉萨裂腹鱼

本试验中拉萨裂腹鱼的体长为 0.185～0.360 m，测试水温为 15.0～15.8 ℃。试验测得其临界游泳速度为 0.779～1.824 m/s，平均值为 1.135 m/s，相对临界游泳速度为 3.400～5.178 BL/s，平均值为 4.199 BL/s。由图 3.37 和图 3.38 可见，临界游泳速度随着体长的增加而增大，相对临界游泳速度比较稳定。

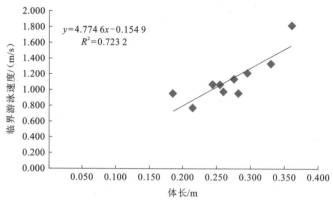

图 3.37　拉萨裂腹鱼临界游泳速度与体长的关系

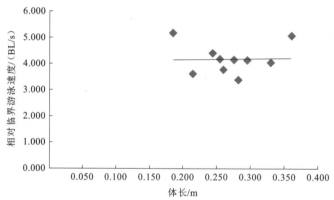

图 3.38　拉萨裂腹鱼相对临界游泳速度与体长的关系

3. 突进游泳速度

1）异齿裂腹鱼

本试验中异齿裂腹鱼的体长为 0.160～0.460 m，测试水温为 15.2～16.0℃。试验测得其突进游泳速度为 1.193～2.714 m/s，平均值为 1.866 m/s，相对突进游泳速度为 5.900～12.450 BL/s，平均值为 8.540 BL/s。由图 3.39 和图 3.40 可见，异齿裂腹鱼突进游泳速度与体长正相关，随体长的增加而逐渐增大，相对突进游泳速度与体长成反比。

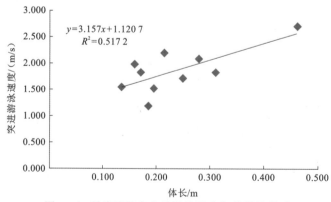

图 3.39　异齿裂腹鱼突进游泳速度与体长的关系

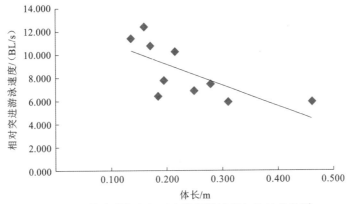

图 3.40 异齿裂腹鱼相对突进游泳速度与体长的关系

2）巨须裂腹鱼

本试验中巨须裂腹鱼的体长为 0.160～0.350 m，测试水温为 15.4～16.1 ℃。试验测得其突进游泳速度为 1.072～2.062 m/s，平均值为 1.592 m/s，相对突进游泳速度为 4.750～7.750 BL/s，平均值为 6.085 BL/s。由图 3.41 和图 3.42 可见，巨须裂腹鱼突进游泳速度与体长正相关，随体长的增加而逐渐增大，相对突进游泳速度随体长增长呈下降趋势。

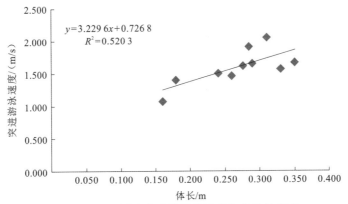

图 3.41 巨须裂腹鱼突进游泳速度与体长的关系

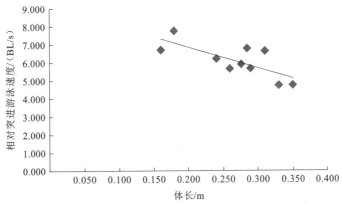

图 3.42 巨须裂腹鱼相对突进游泳速度与体长的关系

3）拉萨裂腹鱼

本试验中拉萨裂腹鱼的体长为 0.195～0.355 m，测试水温为 15.1～15.8 ℃。试验测得其突进游泳速度为 1.613～2.873 m/s，平均值为 2.111 m/s，相对突进游泳速度为 6.650～9.900 BL/s，平均值为 7.855 BL/s。由图 3.43 和图 3.44 可见，拉萨裂腹鱼突进游泳速度随体长的增加而增大，相对突进游泳速度与体长的关系不显著。

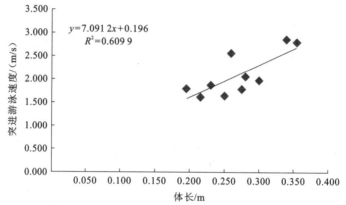

图 3.43　拉萨裂腹鱼突进游泳速度与体长的关系

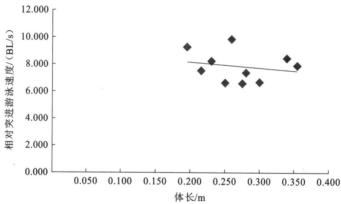

图 3.44　拉萨裂腹鱼相对突进游泳速度与体长的关系

4. 持续游泳时间

1）异齿裂腹鱼

本次试验中试验鱼体长为 0.116～0.385 m，测试水温为 15.5～16.3 ℃。试验鱼分 0.100～0.200 m、0.200～0.300 m 及 0.300～0.400 m 三个体长组进行试验，试验结果见表 3.7。

由图 3.45 可以看出，流速为 0.6 m/s 时，三个体长组的异齿裂腹鱼均可持续游泳超过 200 min，流速为 0.8 m/s 时，三个体长组的异齿裂腹鱼持续游泳时间出现区别，体长较大的异齿裂腹鱼持续游泳时间较长，当流速增大到 1.0 m/s 时，三个体长组的持续游泳时间大幅下降,但总体而言,体长较大的异齿裂腹鱼的持续游泳时间仍大于体长较小的。

表 3.7　异齿裂腹鱼的持续游泳时间

序号	流速/（m/s）	体长/m	体重/g	时间	温度/℃
1		0.155	58.3	4 min 24 s	15.5
2	1.0	0.245	221.1	7 min 16 s	15.7
3		0.385	792.2	39 min 43 s	16.0
4		0.116	25.8	5 min 31 s	15.6
5	0.8	0.195	104.1	41 min 52 s	15.5
6		0.340	452.0	85 min 23s	16.1
7		0.132	32.8	>200 min	15.7
8	0.6	0.214	131.8	>200 min	16.3
9		0.310	328.7	>200 min	16.2

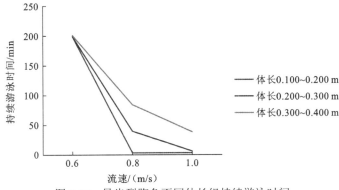

图 3.45　异齿裂腹鱼不同体长组持续游泳时间

持续游泳时间 > 200 min 以 200 min 计

2）巨须裂腹鱼

本次试验中试验鱼体长为 0.150～0.330 m,测试水温为 15.4～16.2 ℃。试验鱼分 0.100～0.200 m、0.200～0.300 m 及 0.300～0.400 m 三个体长组进行试验,试验结果见表 3.8。

表 3.8　巨须裂腹鱼持续游泳时间

序号	流速/（m/s）	体长/m	体重/g	时间	温度/℃
1		0.150	43.2	7 min 14 s	15.5
2	1.0	0.225	167.5	11 min 35 s	15.4
3		0.330	535.0	21 min 22 s	15.7

序号	流速/（m/s）	体长/m	体重/g	时间	温度/℃
4		0.160	51.1	23 min 27 s	15.9
5	0.8	0.240	220.0	58 min 31 s	15.5
6		0.310	465.0	98 min 36 s	15.7
7		0.180	75.3	>200 min	16.1
8	0.6	0.230	185.0	>200 min	16.0
9		0.330	535.0	>200 min	15.9

由图 3.46 可以看出，流速为 0.6 m/s 时，三个体长组的巨须裂腹鱼均可持续游泳超过 200 min，流速为 0.8 m/s 时，三个体长组的巨须裂腹鱼持续游泳时间出现区别，体长较大的巨须裂腹鱼持续游泳时间较长，当流速增大到 1.0 m/s 时，三个体长组的持续游泳时间大幅下降，但总体而言，体长较大的巨须裂腹鱼的持续游泳时间仍大于体长较小的。

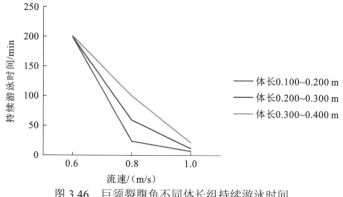

图 3.46　巨须裂腹鱼不同体长组持续游泳时间

持续游泳时间 >200 min 以 200 min 计

3）拉萨裂腹鱼

本次试验中试验鱼体长为 0.200～0.375 m，测试水温为 15.6～16.2 ℃。试验鱼分 0.150～0.250 m、0.250～0.350 m 及 0.350～0.450 m 三个体长组进行试验，试验结果见表 3.9。

表 3.9　拉萨裂腹鱼持续游泳时间

序号	流速/（m/s）	体长/m	体重/g	时间	温度/℃
1		0.200	98.4	6 min 51 s	15.7
2	1.0	0.265	243.5	9 min 43 s	15.8
3		0.350	532.1	27 min 24 s	15.6

续表

序号	流速/（m/s）	体长/m	体重/g	时间	温度/℃
4		0.210	112.3	16 min 21 s	15.9
5	0.8	0.270	234.7	54 min 15 s	16.0
6		0.360	604.7	75 min 43 s	15.6
7		0.215	108.9	> 200 min	15.8
8	0.6	0.275	259.5	> 200 min	16.1
9		0.375	578.4	> 200 min	16.2

由图 3.47 可以看出，流速为 0.6 m/s 时，三个体长组的拉萨裂腹鱼均可持续游泳超过 200 min，流速为 0.8 m/s 时，三个体长组的拉萨裂腹鱼持续游泳时间出现区别，体长较大的拉萨裂腹鱼持续游泳时间较长，当流速增大到 1.0 m/s 时，三个体长组的持续游泳时间降低，但总体而言，体长较大的拉萨裂腹鱼的持续游泳时间仍大于体长较小的。

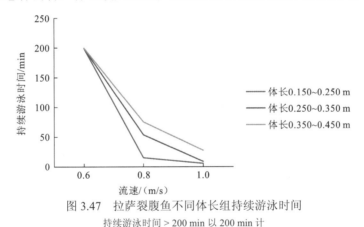

图 3.47　拉萨裂腹鱼不同体长组持续游泳时间

持续游泳时间 > 200 min 以 200 min 计

3.6　多布水电站鱼道形式及主要设计参数

3.6.1　西藏尼洋河多布水电站鱼类保护措施比选

多布水电站工程位于林芝市更章门巴民族乡多布村，其主要功能为发电，最大坝高为 28.5 m，属于低水头坝。

如第 1 章所述，过鱼设施的类型主要有鱼道、仿自然通道、鱼闸、升鱼机、集运鱼系统等。

鱼闸常布置在厂房和溢流坝之间，且鱼闸一般适合中、高水头大坝，存在过鱼不连续、过鱼效果不稳定、运行维护费用高的弊端，多布水电站最大坝高为 28.5 m，枢纽布局紧凑，不适宜布置鱼闸。

升鱼机的优点是适用于高坝过鱼，能适应库水位的较大变幅。多布水电站属于低水头建筑物，且受发电尾水和泄洪影响，近坝诱鱼困难，升鱼机难以取得理想的集鱼效果。按多布水电站工程布局，如采用升鱼机，应放置于左岸坝肩处，但涉及岸坡防护等安全问题。鉴于此，多布水电站不适宜采用升鱼机。

集运鱼船过鱼量较小，对鱼类的伤害较大，适用于已建有船闸的枢纽补建过鱼设施。由于多布水电站上下游河段均未通航，没有航运功能，故利用集运鱼船的方式也不现实。

从枢纽布置和空间布局方面看，多布水电站适合布置鱼道或仿自然通道。

下面采用列表赋分的方法综合考虑鱼道和仿自然通道的诱鱼能力、过鱼能力、鱼类适应能力、工程量和运行维护等因素，比选得出适合本工程的过鱼设施类型（表 3.10）。

表 3.10　过鱼设施方案比选赋分依据

考虑因素	指标	赋分依据		
		3	2	1
诱鱼能力	入口位置	多处，易被发现	靠近电站尾水或下泄水	不易发现
	吸引水流	水流量大	水流量中	水流量小
	水位变化适应能力	强	中	弱
过鱼能力	过鱼种类	各种大小、多种鱼类	多种目标鱼类	少数目标鱼类
	过鱼数量	较多	较少	很少
	过鱼时间	连续	不连续，周期短	不连续，周期长
	上行下行解决	兼顾	部分兼顾	不能兼顾
鱼类适应能力	与自然生境的相似程度	相似	仿自然	人工
	流速控制	消能效果好	消能效果中	消能效果差
	流态控制	流态、方向单一	流态、方向较复杂	流态紊乱，方向复杂
	上下游水质差异程度	一致	连续变化	突然变化，差异大
工程量	场地占用	小	中	大
	建造费用	低	中	高
运行维护	运行费用	低	中	人力、物力、财力消耗大
	结构稳定性	结构稳定	较稳定	不稳定
	后期改造	易改造	较易改造	难改造
	设备维护	不易出现故障，易维护	需要周期性维护	易出现故障，维护经费高

注：通过各指标赋分依据所得的赋分×指标的权重系数所得分数的总和；最重要、优先考虑的指标权重系数为 3；次重要、次优先考虑的指标权重系数为 2；重要、应考虑的指标权重系数为 1。

通过各指标赋分乘以指标的权重系数所得分数的总和来比选最优的方案（表 3.11）。

表 3.11　过鱼设施比选方案

考虑因素	指标	方案 1 鱼道	方案 2 仿自然通道
诱鱼能力	入口位置	9	3
	吸引水流	9	6
	水位变化适应能力	6	6
过鱼能力	过鱼种类	6	9
	过鱼数量	9	9
	过鱼时间	9	9
	上行下行解决	3	9
鱼类适应能力	与自然生境的相似程度	4	6
	流速控制	6	6
	流态控制	2	6
	上下游水质差异程度	6	4
工程量	场地占用	6	2
	建造费用	2	2
运行维护	运行费用	3	1
	结构稳定性	3	2
	后期改造	2	3
	设备维护	2	3
合计		87	86

从比选结果可以看出，鱼道的综合分数高于仿自然通道，但差距不大，说明两种方案都基本可行。

从各项得分可以看出，鱼道在诱鱼能力和工程量方面有明显优势，而仿自然通道在鱼类适应能力和过鱼能力上具有优势，但两者都可以通过优化入口位置和补充吸引水流来提高诱鱼与过鱼能力，这也是过鱼设施初始建设阶段最应考虑和关注的问题。此外，鱼道过鱼连续，且在诱鱼能力和工程量方面有明显优势，建成后还能起到演示和宣传作用。

另外，多布水电站在过鱼季节上下游的水头差约为 20 m，若建设仿自然通道，较低的坡降将导致仿自然通道的总长较长，进而增加工程量和投资；并且，根据多布水电站的现场地形（图 3.48），适宜放置仿自然通道的地方为左岸台地，而此台地与上下游水面的高差较大，依此地势建成的仿自然通道将成为一条深谷，工程量大，且不利于过鱼。鉴于以上原因，对西藏尼洋河多布水电站工程推荐采用鱼道对鱼类资源进行保护。

图 3.48　多布水电站工程附近地形

3.6.2　可行性分析

西藏尼洋河多布水电站工程最大坝高为 28.5 m，属低水头建筑物，选择建设鱼道的原因如下：第一，与仿自然旁通道相比，鱼道对地形的要求低，且工程量较小，费用较低；第二，鱼道与鱼闸、升鱼机和集运鱼船相比，可以保证在过鱼季节连续过鱼；第三，对于鱼道的研究，我国有大量成功的案例，如湖南的洋塘鱼道能诱集和通过来自下游的多种不同个体的鱼类，位于青海的供青海湖裸鲤通过的鱼梯多年来运行效果良好；第四，对鲤科鱼类的洄游采用鱼道，有大量成功的范例，如美国弗吉尼亚州（Commonwealth of Virginia）詹姆斯河（James River）Bosher 大坝上建造的垂直竖缝式鱼道，解决了自 1823 年以来鱼类不能洄游的问题，该鱼道在当年共过鱼将近 20 种，6 万余尾，由于垂直竖缝式鱼道在澳大利亚多个大坝工程上表现出非常好的过鱼效果，该国相关政府部门已经决定在今后的一段时间内，逐步把原来的一些过鱼效果较差的溢流堰式鱼道改造成垂直竖缝式鱼道。这些案例均为多布水电站工程鱼道的设计提供了典范。

综合以上分析，在多布水电站工程坝址处修建鱼道从经济、技术及操作层面考虑都是可行的。

3.6.3　鱼道结构设计

1. 鱼道主体工程位置

在保证诱鱼能力、过鱼能力和鱼类适应能力的基础上，多布水电站过鱼设施还要发挥工程建成后的演示宣传作用。

为了确定鱼道主体工程的位置，首要是要选择合适的鱼道进口位置。多布水电站枢纽布置从左到右依次为左副坝段、安装间坝段、厂房坝段、泄洪闸坝段、挡水坝段。对于水电站型枢纽工程，水电站的尾水是坝下的经常性水流，鱼类常在尾水吸引下，诱集在厂房尾水前沿和两侧，因此，对于多布水电站，选择在水电站尾水处设计进口，也就是鱼道的进口位于左岸。

结合水工建筑物布置情况和地形地貌、地质情况，鱼道选址有三个方案（图 3.49）。

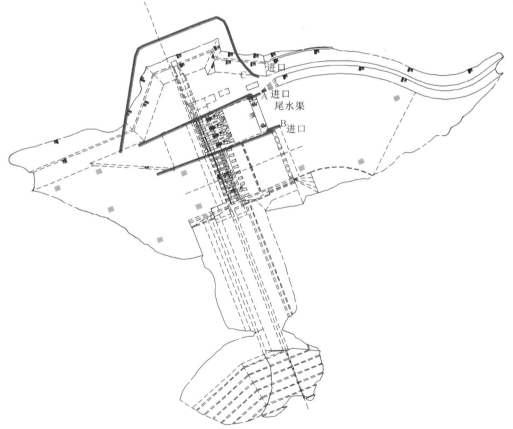

图 3.49　鱼道主体工程位置示意图

方案 A：鱼道布置在左岸，位于发电厂房左侧。进口设于发电厂房下游左侧。

方案 B：鱼道布置在左岸，位于发电厂房和泄洪闸之间。进口设于发电厂房下游右侧。

方案 C：鱼道布置在左岸，绕岸布置。进口设于发电厂房左侧沿岸处。

上述三个方案利用水电站尾水诱鱼，均可以达到较好的诱鱼效果。其中，方案 A 和方案 B 在施工技术难度、工程量、投资、占地等方面差别不大，并且均可以在闸坝修建时预留出鱼道的位置。方案 A 进口适宜，出口沿上游岸边，能保证过坝鱼类不再被重新带回下游；方案 B 在进口诱鱼方面与方案 A 无差别，但出口位置不易安排，由于上溯过坝鱼类的出口紧邻泄洪闸，鱼类极易被重新卷入泄洪闸内。方案 C 采用绕岸布置的方式，不挤占枢纽建筑物的位置，并且能和当地景观融为一体。

综合考虑总体工程设计和保证鱼类能安全上溯到大坝上游，推荐方案 C，即在发电厂房下游左侧设置进口，鱼道绕岸布置到上游。

2. 鱼道的进出口

鱼道的进口能否被鱼类较快地发觉和顺利地进入，是鱼道成败的关键；若进口设计不当，纵然通道内部有良好的过鱼条件，也是徒劳的。出口的设计关系到鱼类能否顺利地进入上游水库重要结点，但一般来说，出口位置的选择较为灵活。

1）鱼道进口平面位置

洄游性鱼类的洄游路线和集群区域是有一定规律的：鱼类总是循着水流溯流而上，不会改变方向，途中遇急流、陡坎、闸坝等阻挡时，鱼类会溯游到与它的游泳能力相应的水域寻找通道。在上溯过程中，当顶着急流不能继续前进时，鱼类也会游至近侧流态较为平缓的区域，因此，鱼类都是在河道主流两侧适宜的流速区中，或者在河道的岸边沿岸线上溯。在过程洄游中，鱼类会避离不利于它们平衡和运动的水流，如剧烈的紊动区、水跃和漩涡等，避开污染区域，选择水质新鲜、肥沃的水域。幼鱼一般有向阳、避风和沿岸边前进的习性。

根据上述规律，鱼道进口应选在：①经常有水流下泄的地方，紧靠主流的两侧；②位于闸坝下游鱼类能上溯到的最上游处（流速屏障或上行界限）及其两侧角隅；③水流平稳顺直，水质较好、肥沃的水域；④闸坝下游两侧岸坡处；⑤能适应下游水位的涨落，保证在过鱼季节进鱼口有一定水深的地方。

对于多布水电站，鱼道进口位于水电站尾水左侧沿岸处。具体位置和数量需要通过水工模型进一步确定。

2）进口诱鱼水的布置

鱼道下泄流量与枢纽中其他建筑物的下泄流量相比是很小的，其诱鱼作用也非常有限。为了提高诱鱼效果，可在鱼道进口布置一个喷洒水管，向进口以下一定范围的水域洒水。下游鱼类在这股水流和水声的引诱下游集到这片水域中来，再经鱼道下泄水流导引进入鱼道。喷洒水管的洒水量不需要很大，然而效果是比较好的。

3）鱼道的出口

鱼类从鱼道的出口游出并进入上游。出口的平面位置应满足下列要求：

（1）能适应水库水位的变动。在鱼道过鱼季节，当水库水位变化时，都应保证鱼道出口有足够的水深，且与水库水位很好地衔接，出口外应无露出的洲滩和水道阻断的情况。

（2）出口应远离溢洪道、厂房进水口等泄水、取水建筑物，以防进入水库的鱼又被这股水流带回下游。

（3）出口应傍岸，出口外水流应平顺，流向明确，没有漩涡，以便鱼类能沿着水流和岸边线顺利上溯。

（4）出口应远离污染区、码头和船闸上游引航道出口处等。

（5）出口也应考虑鱼的回归要求。出口方向应迎着水库水流的方向，便于下行的幼鱼和亲鱼顺利地进入鱼道。

对于多布水电站，建议将出口布置在大坝上游左岸水流平顺的位置，具体位置应结合模型、地形地质等条件综合选定。

3. 鱼道槽身断面形状及鱼道形式比选

鱼道槽身断面形式及材料影响工程造价，特别是在鱼道较长时。国外已建鱼道几乎都是矩形断面，这是因为鱼道和坝体同时浇筑，而且过鱼品种单一（鲑、鳟），规格几乎相同（都是同龄亲鱼）。

西藏尼洋河多布水电站的主要过鱼对象（异齿裂腹鱼、拉萨裂腹鱼和巨须裂腹鱼）均为鲤科鱼类，根据过鱼对象的习性、水位差和水位变幅等因素综合比较，设计采用矩形断面。

鱼道的形式主要有丹尼尔式鱼道和池式鱼道两种。

丹尼尔式鱼道内水流的特点在于流速、湍流度及曝气程度都很高，这类鱼类具有较强的选择性，一般用于体长大于 30 cm 的鱼，并且其加糙部件结构复杂，不便维护。

池式鱼道由一定数量的隔板把鱼道水槽分割成一系列相互连通的水池，设置隔板的目的是：①将上下游总的水位差分成若干级较小的水位差，以降低过鱼孔流速，造就一个鱼群能在其中溯游前进的水道；②控制鱼道水池流态，创造鱼类既能上溯又能歇息的有利条件；③控制鱼道耗水量，减少水能损失；④缓和水库水位和下游水位的变幅对鱼道流速与流态的影响。据此，隔板形态的设计，应满足如下条件：①适应主要过鱼对象通过的性能较好；②隔板过鱼孔流速小，消能充分，池内水流流态良好，没有过大和剧烈的漩涡、涌浪、水跃区，不将鱼类控制于池室的次要部位，鱼类溯游和休息的条件好；③适应鱼道上下游水位变幅的性能好，能较快地稳定池室水流条件；④形态简单，便于施工和维修。

依据过鱼孔的形状及其在隔板上的位置，鱼道隔板可以分为溢流堰式、淹没孔口式、垂直竖缝式和组合式。溢流堰式的隔板过鱼孔在表部，水流呈溢流堰流态下泄，其全部或绝大部分水量在堰顶通过；此类隔板很适合喜欢在表层洄游和有跳跃习性的鱼类；该型鱼道消能不够充分，适应上下游水位变动的能力差，国内鱼道没有采用此种形式的隔板。淹没孔口式隔板的过鱼孔是淹没在水下的孔洞，此种隔板适应上下游水位变动的性能较好，结构简单，便于维护，且适用于双向潮流，所以在沿海和河口地区使用较多。

垂直竖缝式鱼道的隔板的过鱼孔是从上到下的一条竖缝，水流通过竖缝下泄，此型隔板消能效果较前两种充分，且当上下游水位同步变化时，较能适应水位的变幅，可以用于多种鱼类。组合式隔板能较好地发挥各种形式孔口的水力特性，也能灵活地控制池室流态和流速分布，故为现代鱼道所常用。

Larinier（1992）总结多年的研究经验指出，如果过鱼对象为多种洄游性鱼类，那么具有一定落差的连续水池、能量消散充分的垂直竖缝式鱼道比另外一些鱼道要好；同时，由于丹尼尔式鱼道具有很强的选择性，也应避免。

综合以上分析，根据西藏尼洋河多布水电站主要过鱼对象（异齿裂腹鱼、巨须裂腹鱼和拉萨裂腹鱼）的生活习性，以及各种鱼道形式的适应性和消能特点，多布水电站推荐采用矩形断面的垂直竖缝式鱼道。

4. 鱼道观察室的设计

观察室设计是过鱼建筑物设计中的重要组成部分之一。其用来统计通过过鱼设施上溯的鱼类品种、规格和数量，观察鱼对过鱼建筑物的适应性、游动方式和溯游途径等，掌握各种鱼在各种过鱼设施中的洄游速度和体力消耗情况。

观察室为两层楼房，下层为观察室，主要用来放置摄像机、电子计数器等设备。下层不设亮窗，用绿色或蓝色防水灯来照明。在鱼道的侧壁上设 1 个玻璃观察窗，用来观察鱼类的洄游情况，电子计数器用来记录洄游性鱼类的种类及数量，摄像机可将鱼类通过鱼道的实况录下来，供有关人员及游客观看，可为今后对鱼类洄游规律和生活习性的研究及对过鱼设施的建造提供依据。上层为参观陈列室，游客可通过投影电视现场观看鱼道中鱼类的洄游情况。四周墙壁上可陈列主要洄游性鱼类的情况介绍。

当只设一座观察室时，观察室一般都设在过鱼设施的出口位置。这样，每尾被记录下来的鱼，都已游完全程，即将进入上游；鱼类经过观察窗的状态可以大致反映出鱼类对水流条件的适应性和体力消耗程度，以此估计鱼道的水流条件、过鱼条件的优劣。

有条件时，也可以在鱼道的进口位置设置观察室。在该处，可以观察鱼类从天然河道进入过鱼通道的状态，鱼类对建筑物的结构、水深、光色的反应，这对指导鱼道的进口设计有很大帮助。在进口设观察室，必须设在极荫蔽处，否则将影响进鱼效果。

对于多布水电站的鱼道，建议在鱼道出口前约 50 m 处设置观察室，观察室分上下两层，上层用于陈列展示，下层用于观察计数。

3.6.4 鱼道主要设计参数

1. 鱼道的流速设计

鱼道的设计流速是指在设计水位差情况下，鱼道隔板过鱼孔中的最大流速。

鱼类在鱼道中上溯，需要克服过鱼孔中的流速，显然，鱼类的游速应该大于过鱼孔中的流速。鱼道的设计流速若选得过大，则有大部分主要过鱼对象不能通过，若选得过小，固然有利于过鱼，但需要增加隔板的数量，从而增加鱼道长度，增加建筑物的造价。鱼类在鱼道中上溯，需要克服通道中的高流速区域，显然，鱼类的突进游泳速度应该大于通道中最大的流速。然而，考虑到鱼类在上溯过程中很容易产生疲劳，导致突进游泳速度降低，因此，国际上一般采用鱼类的临界游泳速度作为过鱼通道内最大的流速设计值。

下面通过对鱼类游泳能力试验结果的分析，确定鱼道的设计流速。

1）游泳能力试验结果

西藏尼洋河多布水电站工程的 3 种主要过鱼对象为异齿裂腹鱼、巨须裂腹鱼和拉萨裂腹鱼。根据鱼类游泳能力试验结果，异齿裂腹鱼测试体长为 140～432 mm，临界游泳速度为 0.797～1.440 m/s，巨须裂腹鱼测试体长为 170～345 mm，临界游泳速度为 0.710～1.332 m/s，拉萨裂腹鱼测试体长为 185～360 mm，临界游泳速度为 0.779～1.824 m/s。

尖裸鲤为西藏 I 级重点保护鱼类，主要分布在雅鲁藏布江的中上游，近些年在尼洋河的调查中均没有采集到，对其游泳能力的估算，可以通过类比的方法。尖裸鲤属鲤科，通过对表 3.12 几种鲤科鱼类的游泳速度的比较，可以认为，1.0 m/s 左右的流速对于体长为 200～300 mm 的尖裸鲤来说是可以克服的（表 3.12）。

表 3.12　几种鲤科鱼类的极限流速

鱼的种类	体长/cm	极限流速/（m/s）
鲤	20～25	1.0
鲤	25～35	1.1
鲢	23～25	0.9
草鱼	18～20	0.8

2）确定设计流速

鱼道的设计流速需要根据过鱼对象中游泳能力最弱的鱼而定，同时，兼顾河流中的其他鱼类，考虑到试验鱼转移的胁迫影响和活动空间的限制可能导致试验所得结果略小于实际值，因此，将鱼道隔板过鱼孔中的最大流速初步确定为 0.9～1.1 m/s，鱼道内的缓流区流速选取 0.2～0.4 m/s。但鱼道内的流速最终需要通过模型试验调整后确定。

最后，必须全面积累室内外模型和原型鱼道各方面的资料，根据原型实测资料，参考室内游泳能力试验结果，考虑鱼道的重要性等因素选定鱼道的设计流速。

2. 鱼道池室结构及尺寸设计（针对推荐的方案 C）

1）鱼道池室结构

据 3.6.3 小节所述，对于西藏尼洋河多布水电站推荐采用矩形断面的垂直竖缝式鱼道。

　　但垂直竖缝式鱼道也有许多不同的形式，隔板上过鱼孔的位置及相邻两块隔板上过鱼孔的布置方式，直接影响池室水流条件，分为同侧、异侧、双侧等形式。

　　同侧竖缝式鱼道（图3.50），水流顺直，有利于溯游能力强的鱼类较快上溯，亲鱼可以不停歇地一次急窜数块隔板。此类型鱼道的布置，应防止前一块隔板孔口的急流直冲后一块隔板的孔前，要适当增加池室长度，使之充分扩散和消能，防止水流逐级增加。

图 3.50　同侧竖缝式鱼道

　　异侧（左右两侧交叉）竖缝式鱼道（图3.51），主流从上一块隔板的过鱼孔，通过收缩断面，冲入第二块隔板与槽壁的角隅，若池室长度不够长，会使此区水流激烈翻滚，同时，在孔口断面上侧出现横向水流，可能加剧孔口水流的左右摆动，影响鱼类上溯。其消能效果比同侧布置形式充分，但池内水流过于弯折，不利于鱼类不停歇地连续上溯，洄游速度较慢。

图 3.51　异侧竖缝式鱼道

双侧竖缝式鱼道（图 3.52），具有和异侧竖缝式鱼道相似的消能充分的优点，竖缝流速控制较好，但室内流态复杂（图 3.53 和图 3.54），不利于鱼类休息。

图 3.52　双侧竖缝式鱼道

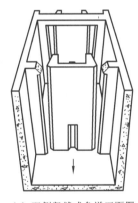

（a）双侧竖缝式鱼道正面图

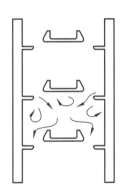

（b）双侧竖缝式鱼道俯视图

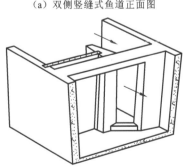

（c）同侧竖缝式鱼道正面图

（d）同侧竖缝式鱼道俯视图

图 3.53　双侧竖缝式鱼道和同侧竖缝式鱼道的水流特征

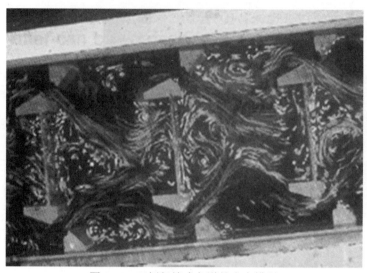

图 3.54　双侧竖缝式鱼道的水力模型

对于多布水电站工程，考虑到鱼类较快上溯及鱼道长度等因素，推荐采用同侧竖缝式鱼道。

2）鱼道的水深

鱼道内的水深（h）主要视鱼类习性而定。底层活动的鱼类和大个体成鱼，喜欢较深的水体和暗淡的光色，故要求 h 大一些；幼鱼一般喜欢在水表层活动，池室水深可小一些。鱼道池室水深一般可取 1.5～2.5 m。

同时，在其他条件相同时，鱼道越深，需要的鱼道出口的数量越少，相对减少了出鱼口的投资和施工难度，但鱼道深度的增加，又增加了建设鱼道主体的投资。因此，在选择鱼道深度时，主要考虑的是深度的增加将提高鱼道中水的流量。

根据调查结果，巨须裂腹鱼、异齿裂腹鱼和拉萨裂腹鱼喜栖息于水深在 1 m 左右的砾石或砂质的滩地，因此，在兼顾过鱼对象的生态习性和工程投资的情况下，建议多布水电站鱼道内平均水深取 1.5 m。

3）鱼道的宽度

鱼道的宽度 B 主要由过鱼量、过鱼对象的习性、竖缝宽度及消能条件而定。当过鱼量大时，B 应大些，当河面较宽时，B 也应大些，当然也可以在河道中布置 2 座以上的鱼道和集鱼系统等。

观测表明，鱼类大多以"∫"形路线前进，其活动宽度应大于它们的体宽。在运动中，它们有时要变换游动姿态，以利于休息和长途溯游，因而通道宽度的确定必须考虑鱼类运动的要求。

从水力学角度看，通道净宽越大，每级鱼道内的平均流速越小，有利于鱼类的中途休息；但净宽越大，造价也就越高。

目前，国外有宽度达 10 m 以上的鱼道，但多数为 3～5 m；国内鱼道的宽度多为 2～

3 m。多布水电站的过鱼对象主要为异齿裂腹鱼、巨须裂腹鱼、拉萨裂腹鱼，其达到性成熟的个体的大小约为 25 cm，因此，对于多布水电站，鱼道的净宽取 2 m 能满足过鱼要求且比较经济。

4）鱼道的池室长度

一般认为，池室的长度（l）与水流的消能效果和鱼类的休息条件关系较大。较长的池室，水流条件好，休息水域大，过鱼条件好，但鱼道造价较高；反之，较小的池室，会造成消能不充分或水流紊动大，过鱼条件差。

池室长度也与鱼体大小及鱼的习性有关。个体越大，池室应越长，躁性急窜的鱼类应有较长的池室。据七里垄鱼道放鱼试验观测，对于各种鱼类，池室长度不应小于鱼体长度的 4～5 倍。

l 应与 B 有一定的比例，在初步设计阶段，可取 $l=（1.2～1.5）B$，其中系数 1.2 适用于孔口流速不大于 1.0 m/s 的情况，当流速较大时，应取 1.2～1.5 或更大的系数。据本小节鱼道池室结构所述，推荐采用同侧竖缝式鱼道，其水流顺直，有利于溯游能力强的鱼类较快上溯，建议系数取 1.25，则多布水电站鱼道池室长度为 2.5 m。

5）鱼道的坡度

当上下游水位差一定时，鱼道的坡度越大，所需鱼道的级数就越少，鱼道的总长度相应较小，鱼道的建设费用也就越低；然而，鱼道的坡度越大，鱼道中水的流速就越大，鱼类就越不容易通过鱼道。

一般认为，鱼道全长中应取统一的固定底坡，不宜多变，更不宜呈台阶式的集中坡降。同一底坡，可使各池室间有比较均匀的落差，有比较类似的水深和水流条件，有利于鱼类很快地适应水流条件而迅速通过。基于野外实地调查，并依据试验和国内外鱼道对比，建议对多布水电站的鱼道的坡度取 1∶70。

多布水电站鱼道主要特征指标见表 3.13。

表 3.13　多布水电站鱼道主要特征指标一览表

类别	项目	指标	单位	说明
鱼道设计基本参数	过鱼对象	异齿裂腹鱼、巨须裂腹鱼、拉萨裂腹鱼、尖裸鲤		
	主要过鱼季节	3～6 月		每年
	鱼道内最大流速	0.9～1.1	m/s	依据最弱游泳对象的最大游泳能力确定
	鱼道内缓流区流速	0.2～0.4	m/s	
鱼道结构	鱼道形式	池式鱼道		
	鱼道槽身	矩形断面		
	鱼道隔板形式	垂直竖缝式		

续表

类别	项目	指标	单位	说明
鱼道位置		左岸绕岸过坝到上游		
鱼道尺寸	池室长度	2.5	m	有效尺度
	池室宽度	2	m	有效尺度
	鱼道水深	1.5	m	有效尺度
	鱼道最低工作水深	1.0	m	有效尺度
	鱼道坡度	1:70	—	
	休息池长度	6.0	m	有效尺度
	休息池宽度	2.0	m	有效尺度

3.6.5　鱼道的外观设计

尼洋河流域是雅鲁藏布江左岸一级支流，因其优美的风景被称为"女神的眼泪"和"西藏的江南"；另外，淳朴的民风、深厚的藏传佛教底蕴和少数民族风俗，使当地成为西藏旅游的重要组成部分。因此，在进行尼洋河多布水电站鱼道设计时，需考虑过鱼设施的景观效应、与当地环境的融合性和宣传作用。

为了使西藏尼洋河多布水电站的鱼道能够更好地融入自然环境，对其外观可进行如下修饰。

（1）在鱼道进口和出口旁的空地上设计具有西藏民族风貌的小型建筑。

（2）对于一些控制性结构，如闸门等，可以在其周围种植水草，以弱化这些结构的刚硬特性。

（3）在鱼道的周边，放置藤椅、拱桥等，一方面为来参观该过鱼设施的游客提供休憩的地方，另一方面，达到与自然的和谐。

3.6.6　鱼道附属设施

1. 拦污栅

鱼道的进口与出口处均设置拦污栅，防止杂物进入通道。图 3.55 是鱼道出口拦污栅示意图。

2. 闸门

鱼道的出口设置闸门，启闭采用螺杆升降方式，并可实现自动与手动两种控制，自

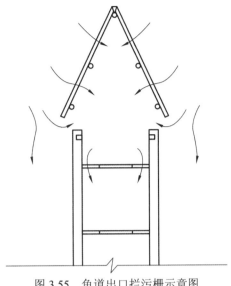

图 3.55　鱼道出口拦污栅示意图

动控制时采用电力驱动，通过利用水位控制开关、控制器、电动机来实现。

3.6.7　鱼道的管理运行和维护

水利工程建成以后，需要进行管理和观测，以保证水利工程的正常运行。鱼道建成后，还需专人管理，经常观测，积累资料，以便发挥鱼道的应有效益。鱼道管理和观测的目的包括：了解鱼道进口附近鱼类的活动规律、鱼道的进鱼情况和过鱼效果；实测鱼道进口和隔板过鱼孔的流速，观察鱼道各部分水流流态，发现鱼道运行中存在的问题，提出改进措施；调查坝上鱼类资源的变化情况，评价鱼道的效益；为以后过鱼建筑物的设计积累经验。因此，需要鱼道管理与观测人员具有水利和水产方面的专业知识，熟悉鱼类的洄游规律与生态习性，认真进行运行观测，及时整理有关成果，提出改进意见。

鱼道在投入运行后，必须加强维修与保养。要经常检查鱼道各闸门及其启闭机，保证可以随时启闭；经常清除鱼道内的漂浮物，防止堵塞隔板过鱼孔；定期清除鱼道内的泥沙淤积或软体动物的贝壳，保证底孔畅通；随时擦洗鱼道观察室的玻璃窗，保持一定的透明度；所有观测计数仪器设备，要注意防潮，以备随时使用；严格禁止在鱼道进出口停泊船只及在鱼道内捕鱼、排入污水等。

鱼道各部分如有损坏，应及时维修。冬季应全面检修，必要时可局部修改，逐步完善，以发挥鱼道的更大效益。

第4章 崔家营航电枢纽工程鱼道效果评估

4.1 引　言

目前，我国在水利水电工程建设及运行过程中日益重视对洄游性、珍稀、特有水生生物的保护，以期通过科学、合理地设计过鱼设施维护鱼类及其他水生生物的洄游通道，以实现人与自然的和谐共处，实现水利水电建设与生态环境保护协调发展的目标。然而，我国过鱼设施建设相对落后，存在设计方法尚无规范可遵循、效果评价方案并未形成体系等问题，限制了我国过鱼设施的建设与发展。

本章以汉江崔家营航电枢纽工程鱼道为对象，结合鱼道的运行和建设情况，采用试验回捕法和水声学监测法两种方法评估过鱼效果，同时，为了考证崔家营航电枢纽工程坝下的鱼类资源情况，对坝址下游水域进行了渔获物调查，综合考证鱼道作为大坝上下游鱼类交流通道的效用。

4.2　崔家营航电枢纽工程鱼道概况

4.2.1　流域概况

汉江是长江重要支流，发源于秦岭南麓，流域跨陕西、甘肃、四川、河南、湖北五省。干流流经陕西、湖北两省，于武汉注入长江，全长 1 577 km，流域面积 159 000 km²。其中，河源至丹江口为上游，长 925 km，集水面积 95 200 km²；丹江口至钟祥为中游，长 270 km，增加集水面积 46 800 km²；钟祥至汉口为下游，长 382 km，增加集水面积 17 000 km²。下游南岸有分流河道东荆河，自龙头拐经新沟嘴于三合垸汇入长江，长 173 km。

汉江流域水系呈叶脉状，主要支流上游有褒河、任河、旬河、夹河、堵河、丹江等，中下游有南河、唐白河、蛮河及汉北河等。

汉江上游河谷狭窄，属山区河流。中游河谷自上而下逐渐开阔，河床横轴摆幅大，属具有一定游荡性的分汊河型。河道洪水水面宽 800~3 000 m，走向比较顺直，弯曲系数为 1.33，泄洪能力较强。下游进入江汉平原，河道弯曲，弯曲系数为 2.12，局部河段河道弯曲系数很大，如汉川弯道、马口弯道（已裁弯）、蔡甸弯道分别达到 7.7、9.9 和 10，为典型的蜿蜒型河道。下游河道上宽下窄，呈漏斗状。例如，皇庄至泽口段河宽 600～2 500 m，泽口附近河宽 600～800 m，泽口至仙桃段河宽 300～400 m，仙桃以下河宽 200～300 m，最窄处武汉集家嘴河宽只有 170 m，从泽口附近分流入长江的东荆河洪水期仅分泄沙洋流量的 1/6～1/4。因此，汉江中下游河道的泄洪能力上大下小，极不平衡。

4.2.2　崔家营航电枢纽工程基本情况

　　湖北汉江崔家营航电枢纽工程(图 4.1)是湖北交通部门主持建设的第一个航电枢纽，也是湖北水运建设的第一个世界银行贷款项目。枢纽坝址位于襄阳下游 17 km 处，是湖北省内汉江干流 9 级梯级开发中的第 5 级，上距丹江口水利枢纽 142 km，下距河口 515 km，是一个以航运为主，兼有发电、灌溉、改善环境、旅游等综合功能的项目。枢纽建筑物从右岸至左岸依次为右岸连接坝段、船闸、泄水闸、厂房、门机检修平台、左岸明渠段土石坝、左岸河滩段土石坝、坝轴线总长 2 213.4 m，枢纽工程具体特性见表 4.1。

图 4.1　崔家营航电枢纽工程

表 4.1　汉江崔家营航电枢纽工程特性表

	项目	单位	指标	备注
	控制流域面积	km²	130 624	
水文	多年平均径流量	10^8 m³	341	丹江口后期规模
	多年平均流量	m³/s	1 080	丹江口后期规模

续表

	项目	单位	指标	备注
水文	校核洪水流量	m³/s	25 380	$P=0.33\%$
	设计洪水流量	m³/s	19 600	$P=2\%$
	校核水位	m	64.25	
水库	设计洪水位	m	63.15	
	正常蓄水位	m	62.73	
	死水位	m	62.23	
	正常蓄水位相应库容	10^8 m³	2.45	
	死库容	10^8 m³	2.05	
	调节库容	10^8 m³	0.4	日调节
船闸	形式			单级船闸
	设计船队尺寸	m	167×21.6×2	一顶四驳
	年通过能力	10^4 t	768	
	设计最大水头	m	8.82	
	输水系统形式			分散输水
	闸室有效尺寸	m	180×23×3.5	
	上游最高通航水位	m	62.73	
	上游最低通航水位	m	62.23	
	下游最高通航水位	m	61.21	
	下游最低通航水位	m	53.91	
泄水闸	闸墩顶高程	m	70.50	
	堰顶高程	m	48.23	
	水闸孔数	孔	20	弧形门
	孔口尺寸	m	20×14.5	宽×高
	设计下泄流量时相应下游水位	m	62.80	
	校核下泄流量时相应下游水位	m	63.69	
水电站	装机容量	MW	90	

续表

项目	单位	指标	备注
额定水头	m	4.7	
机组台数	台	6	单机 15 MW
机组类型			灯泡贯流式
单机额定流量	m^3/s	366.47	
额定出力	MW	15.43	
多年平均发电量	10^8 kW·h	3.898	
年利用小时	h	4 331	

（水电站 栏目居左，跨越"机组类型"至"年利用小时"各行）

注：P 指频率。

　　崔家营航电枢纽工程的建设，对提升汉江航道等级、减小南水北调中线工程调水后对航运和工农业生产的影响、改善唐东灌区灌溉条件和襄阳城市环境、促进中西部地区经济社会发展有重要意义。

4.2.3　鱼道设计方案

1. 鱼道设计标准

　　崔家营航电枢纽工程等别为二等，根据原国家标准《防洪标准》（GB 50201—94（2015年废止）和《水利水电工程等级划分及洪水标准》[（SL 252—2000（2017 年废止）]，确定本工程主要建筑物级别为 2 级，次要建筑物（鱼道）级别为 3 级，鱼道设计洪水标准采用 20 年一遇，相应洪水流量为 15 820 m^3/s，校核洪水标准采用 100 年一遇，相应洪水流量为 21 710 m^3/s。

2. 鱼道主体工程的位置

　　鱼道紧靠水电站厂房左侧布置，主进口布置在水电站厂房尾水渠左侧，并与布置在水电站尾水平台上的集鱼系统相连，上游水经专用补水渠进入补水系统，再经补水系统与集鱼系统之间隔墙上的补水孔进入集鱼系统，以滴水声诱鱼。集鱼系统上设两个不同高程的进鱼孔（尺寸为 650 mm×650 mm）以便鱼类进入。从集鱼系统及鱼道进口进入的鱼均通过会合池进入鱼道并上溯。鱼道出口布置在水电站厂房进水渠浮式拦漂排的上游，该处远离泄水流道，流速较小，便于鱼类继续上溯。

3. 鱼道的主要结构尺寸

　　表 4.2 为崔家营航电枢纽工程鱼道主要特征指标。

表 4.2　崔家营航电枢纽工程鱼道主要特征指标一览表

类别	项目	指标	单位	说明
鱼道设计基本参数	过鱼对象	鳗鲡、刀鲚、草鱼、青鱼、鲢、鳙、铜鱼		
	主要过鱼季节	5~8 月		每年
	上游设计水位	62.73	m	
	下游设计水位	57.23	m	
	设计水位差	5.5	m	
	鱼道内适宜流速	0.5~0.8	m/s	
	流量	1.8~2.8	m³/s	
	鱼道设计流速	0.677	m/s	
鱼道位置		水电站厂房左侧绕岸过坝		
鱼道池室尺寸	鱼道全长	487.2	m	有效尺度
	池室长度	2.6	m	有效尺度
	池室宽度	2.0	m	有效尺度
	鱼道水深	2.0	m	有效尺度
鱼道尺寸	鱼道坡度	1:85		
	休息池长度	5.0	m	有效尺度

　　鱼道明渠段隔板采用预制钢丝网水泥隔板，以便于维修，隔板底部设计两个 300 mm ×300 mm 的过鱼孔，一侧设计 1 000 mm×1 000 mm 的过鱼孔（相邻隔板孔口位置错开以便于消能）。鱼道底板及侧墙采用 C20 混凝土现浇，鱼道底板纵向平均坡度为 1:85，底板厚 1 200 mm，底板下设置 C10 混凝土垫层，厚 100 mm，鱼道明渠段侧墙顶高程为 64.0 m，顶宽 600 mm，墙背坡采用 1:0.3 的坡比值与底板相接。鱼道暗涵段侧墙宽均取 800 mm，高 2 000 mm，顶部采用圆拱连接。鱼道暗涵段采用灯光诱鱼，鱼道观测采用光电设备自动计数。鱼道上游出口设两扇平板闸门，其一用于检修，其二用于防洪及集鱼系统流量调节，均利用手电两用螺杆式启闭机启闭。

　　崔家营航电枢纽工程鱼道设有补水系统，上游补水渠进口底板高程为 59.00 m，设一扇平板闸门，用于防洪及补水渠流量调节，利用手电两用螺杆式启闭机启闭，闸门后接 C20 混凝土预制管，管径 1.0 m，预制管下方设置 C15 混凝土基座。补水渠出口高程为 55.0 m，下泄水流击打下游补水系统的水面，并通过补水系统与集鱼系统之间隔墙上的 ϕ80 mm 补水孔进入集鱼系统。补水渠长 201.97 m，补水系统与集鱼系统的宽度分别为 1 000 mm、2 000 mm，长均为 125.00 m，悬挑于水电站厂房尾水管上，顶部高程为 58.00 m。补水系统、集鱼系统、会合池、鱼道进口底部高程均为 55.00 m。集鱼系统在高程 55.30 m、56.95 m 设置进鱼孔（尺寸为 650 mm×650 mm）。

4.3　鱼道过鱼效果监测方法

鱼道作为保护渔业资源和鱼类种群交流的一种有效措施，在中国已经受到越来越多的重视，但针对鱼道过鱼效果的监测尚少有开展。目前，国际上常用的鱼道过鱼效果的监测方法主要有四种：第一种是观察窗人工计数法，指在鱼道出口附近的观察窗由专人固定观察记录；第二种是录像法，指在鱼道出口附近的观察窗安放摄像装置，或者在鱼道的合适位置放置水下摄像装置，在控制室按照需要摄录过鱼情况；第三种是水声学监测法，指在鱼道内放置水声学设备，通过分析声学数据，获取鱼体信息；第四种是试验回捕法，指在观察窗处的回捕区对上溯的鱼类进行回捕，观察过鱼的种类和生物学性状等。

表 4.3 对上述方法的原理、工作基础、优缺点和应用情况进行了比较。

表 4.3　鱼道过鱼效果监测方法

方法	方法描述	基础条件	优点	缺点	应用
观察窗人工计数法	安排固定人员，于鱼道出口附近的观察窗前，按照一定的时间间隔观察过鱼情况，一般在白天进行，可以每隔 1 h 观测一次	水质清澈，鱼道设有观察窗	可以实时记录，现场观察过鱼的种类和尺寸	该法只能在白天进行，不能获取夜间数据	普遍采用
录像法	将水下摄像装置固定于观察窗前或鱼道内的合适位置，每隔一段时间记录一次，然后回放录像，读取数据	水质清澈	可以得到昼夜过鱼情况	数据储存量大，不能直观了解过鱼种类和大小	普遍采用
水声学监测法	在鱼道内安放水声学设备，通过分析回声信号，判定过鱼情况	熟练的操作和分析技术，充足的电源	可以得到持续数据	难以通过图像判断过鱼种类	在国外一些鱼道上已经开始采用
试验回捕法	在观察窗处的回捕区对上溯的鱼类进行回捕，观察过鱼的种类和生物学性状等	网具	适用于任何情况	无法对过鱼的数量进行评估	普遍采用

本调查执行时间为 2012 年 9 月 19~26 日，由于上游涨水，鱼道内水质混浊，此外，崔家营航电枢纽工程鱼道在建造时出于经费原因，未建设观察窗，无法采用观察窗人工计数法和录像法评估过鱼效果。

结合崔家营航电枢纽工程鱼道的运行和现场实际情况，最终采用试验回捕法和水声学监测法两种方法评估过鱼效果，同时，为了考证崔家营航电枢纽工程坝下的鱼类资源情况，对坝址下游水域进行了渔获物调查，以期获得鱼道过鱼种类的基础数据。

4.4　崔家营航电枢纽工程鱼道过鱼效果

4.4.1　监测设备

1. 水声学仪器

水声学监测采用购自挪威的 SIMRAD EY60 型分裂波束（split-leam）回波探测仪（图4.2，表4.4），配备分裂波束换能器。采用 ER60 软件对声学数据和全球定位系统（global positioning system，GPS）数据同步存储。

图 4.2　水声学设备使用方法

表 4.4　SIMRAD EY60 分裂波束回波探测仪的主要技术参数

参数	数值	参数	数值
声速	1 450 m/s	发射强度	300 W
脉冲宽度	64 μs	时变效益	40logR
发射频率	200 kHz	波束宽度	7°
阈值	−70 dB		

注：40logR 表示探测距离。

水声学仪器放置在距鱼道出口约 7 m 的地方，穿过鱼道孔口水平放置，以监测游完鱼道全程的鱼类数量。

2. 网具

本调查采用三层流刺网（图4.3）进行鱼类回捕试验，网具放置在距鱼道一定长度处，用来获取最终游完鱼道全程的鱼类。

图 4.3　三层流刺网

3. 水体理化因子测定设备

水体理化因子（温度、溶氧、pH、电导率等）测定采用的设备均为维赛仪器贸易（上海）有限公司的产品，型号如下：溶氧仪为 YSI 550A（图 4.4），pH 仪为 YSI pH100（图 4.5）。透明度采用黑白盘测定。

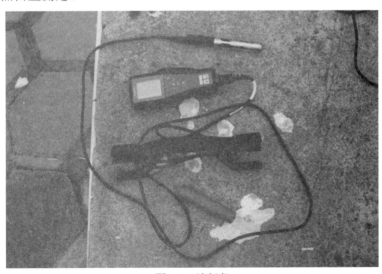

图 4.4　溶氧仪

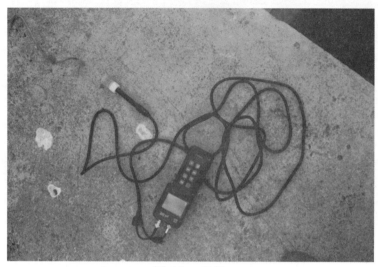

图 4.5　pH 仪

4. 流速仪

鱼道内流速的测定采用重庆华正水文仪器有限公司 LS45A 型旋杯式流速仪（图 4.6）。

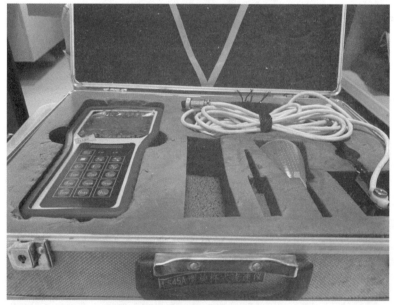

图 4.6　LS45A 型旋杯式流速仪

4.4.2　监测条件

1. 监测时间

崔家营航电枢纽工程鱼道过鱼效果监测的时间为 2012 年 9 月 19～26 日。

2. 监测地点

监测地点位于湖北汉江崔家营航电枢纽工程所在地（图 4.7）。

图 4.7　监测地点

3. 监测现场

崔家营航电枢纽工程鱼道过鱼效果监测现场见图 4.8～图 4.10。

图 4.8　水声学监测

图 4.9　网具回捕

图 4.10　水质监测

4.4.3　过鱼效果监测结果

1. 崔家营航电枢纽工程鱼道运行情况

崔家营航电枢纽工程鱼道于本次调查的 2012 年 9 月 19~26 日闸门全部开启运行。崔家营航电枢纽工程鱼道采用绕岸布置的形式，鱼道进口（图 4.11）位于水电站厂房左侧，并于水电站尾水处设一集鱼廊道和进鱼口汇合后过坝。鱼道采用矩形断面，鱼道形式（图 4.12）为横隔板式池室鱼道，孔口形式为淹没孔口式。

图 4.11　鱼道进口

图 4.12　鱼道结构

2. 鱼道水体环境

本次监测分别测定了鱼道内水深为 2 m 和 1.75 m 时，水体的理化性质与流速。表 4.5 列出了鱼道内水深分别为 2 m 和 1.75 m 时的水体理化因子数据。

表 4.5　鱼道内水体理化因子

水深/m	水体理化因子				
	水温/℃	pH	溶氧/（mg/L）	电导率/（μm/cm）	透明度/cm
2	24.3	7.81	6.03	0.313 1	36
1.75	24.3	7.75	5.96	0.284 3	30

　　此外，在距鱼道出口约 12 m 的地方，分别测定了水深为 2 m 和 1.75 m 时，孔口处和隔板处的流速（图 4.13），流速测定取表、中、底层，每层取左、中、右三点，最后取平均值得到不同位置的流速（表 4.6）。

图 4.13　流速测定位置示意图

表 4.6　鱼道内不同位置的流速　　　　　　　　　（单位：m/s）

水深		水层	左	中	右	平均值
2 m	孔口处	表层	0.898	0.961	0.949	0.936
		中层	0.716	0.910	0.884	0.837
		底层	0.756	0.756	0.635	0.716
	隔板处	表层	0.091	0.137	0.112	0.113
		中层	0.113	0.098	0.146	0.119
		底层	0.072	0.065	0.067	0.068

续表

水深	水层	左	中	右	平均值
	表层	0.269	0.756	0.790	0.605
孔口处	中层	0.325	0.562	0.800	0.562
	底层	0.292	0.287	0.301	0.293
1.75 m	表层	0.145	0.151	0.240	0.179
隔板处	中层	0.192	0.187	0.173	0.184
	底层	0.095	0.103	0.072	0.090

3. 网具回捕

1）主要方法

2012 年 9 月 19～26 日对崔家营航电枢纽工程鱼道用三层流刺网进行试验性网捕（图 4.14）。每天下网 2 次，时间分别为 6 时和 18 时，每次下三片长约 15 m 的三层流刺网，第一片网放置于距鱼道出口约 8 m 的孔口处，其他两片网按 10 m 的间隔放置。每次下网连续网捕 10 h。

图 4.14　放置网具

2）网捕结果

此次试验性网捕共捕获鱼类 3 目，4 科，11 种，分别为瓦氏黄颡鱼、吻鮈、鳊、蛇鮈、马口鱼、圆吻鲴、犁头鳅、铜鱼、鳜、鲢、鳘。回捕到的鱼类组成以鲤形目为主，共 9 种，占总数的 81.8%，其次为鲇形目和鲈形目，各 1 种，各占总数的 9.1%。共捕获鱼类 37 尾，数量以瓦氏黄颡鱼最多，鳌、圆吻鲴次之，鱼类数量分布见图 4.15；捕获鱼体重共计 2 798.7 g，重量以瓦氏黄颡鱼最重，圆吻鲴次之，体重分布见图 4.16。

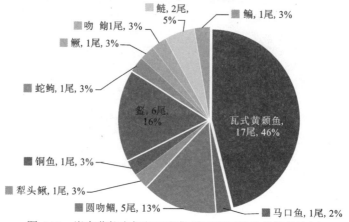

图 4.15　崔家营航电枢纽工程鱼道网具回捕鱼类数量比例

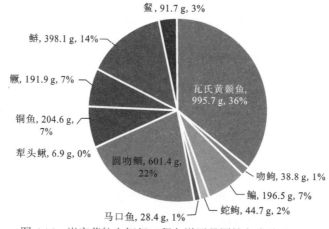

图 4.16　崔家营航电枢纽工程鱼道网具回捕鱼类体重比例

3）网具回捕鱼类介绍

（1）瓦氏黄颡鱼。瓦氏黄颡鱼体长，背部隆起，胸腹面平坦，后段侧扁，尾柄细长。头扁平，头顶部覆盖薄皮，枕骨裸露。口亚下位，上下颌均有绒毛细齿，上颌齿带 2 条。吻钝圆。须 4 对，呈青黑色，颌须 1 对，末端接近背鳍起点垂直下方；鼻须位于后鼻孔前缘，末端达到眼眶后缘；颐须 2 对，外侧 1 对的末端达到胸鳍起点，内侧 1 对稍长于鼻须。肩胛骨突出，位于胸鳍上方。背鳍棘细长，后缘有锯齿。胸鳍棘前缘光滑，后缘有发达锯齿，末端达到背鳍中部垂直下方。腹鳍呈扇形，末端达到或接近臀鳍基部。脂鳍细小，末端游离。臀鳍较脂鳍长，边缘平直。尾鳍深分叉。肛门接近臀鳍起点。全体裸露无鳞，侧线平直。体色似其他种黄颡鱼，但个体较大。网捕期间，共捕获瓦氏黄颡鱼（图 4.17）17 尾，其规格见表 4.7。

图 4.17　崔家营航电枢纽工程鱼道内网捕到的瓦氏黄颡鱼

表 4.7　网捕到的瓦氏黄颡鱼的规格

序号	体长/mm	全长/mm	体重/g
1	160	180	49.1
2	180	210	82.1
3	154	178	57.1
4	145	158	33.0
5	145	171	39.4
6	181	214	74.0
7	170	201	62.6
8	164	190	61.7
9	182	211	86.4
10	165	195	77.3
11	205	236	132.7
12	175	210	71.6
15	167	199	62.2
16	155	174	49.7
17	163	189	56.8

其中一条瓦氏黄颡鱼的性腺已经转入 III 期，如图 4.18 所示。

图 4.18　崔家营航电枢纽工程鱼道内网捕到的瓦氏黄颡鱼的性腺

（2）吻鮈。吻鮈体细长，前段圆筒状，后部细长而略侧扁，腹部稍平。头尖，呈锥形，其长远大于体高；吻尖长，显著向前突出。口下位，呈马蹄形。唇厚，无乳突，唇后沟中断，间距甚大。口角须 1 对，粗而短，长度与眼径相等或稍长。眼大。背鳍无硬刺，起点距吻端较距尾鳍基为近。侧线直。胸部鳞片特别小，一般隐埋于皮下。背部青灰色，腹部白色，背鳍和尾鳍灰黑色，其他各鳍灰白色。网捕期间，共捕获吻鮈（图 4.19）1 尾，其规格见表 4.8。

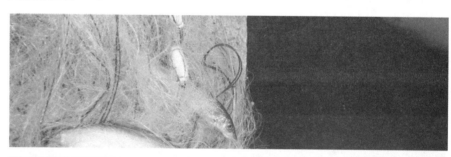

图 4.19　崔家营航电枢纽工程鱼道内网捕到的吻鮈

表 4.8　网捕到的吻鮈的规格

序号	体长/mm	全长/mm	体重/g
1	160	189	38.8

（3）鳊。鳊又名长春鳊、长身鳊、鳊花。体侧扁，略呈菱形，自胸基部下方至肛门间有一明显的皮质腹棱；头很小，口小，上颌比下颌稍长；无须；眼侧位；侧线完全；背鳍具硬刺；臀鳍长；尾鳍深分叉；体背及头部背面青灰色，带有浅绿色光泽，体侧银灰色，腹部银白色，各鳍边缘灰色。网捕期间，共捕获鳊（图 4.20）1 尾，其规格见表 4.9。

图 4.20　崔家营航电枢纽工程鱼道内网捕到的鳊

表 4.9　网捕到的鳊的规格

序号	体长/mm	全长/mm	体重/g
1	224	261	196.5

并且，该鳊的性腺已经转入 III 期，如图 4.21 所示。

图 4.21　崔家营航电枢纽工程鱼道内网捕到的鳊的性腺

（4）蛇鮈。蛇鮈体延长，略呈圆筒形，背部稍隆起，腹部略平坦，尾柄稍侧扁。头较长，大于体高。吻突出，在鼻孔前下凹。口下位，马蹄形。唇发达，具有显著的乳突，下唇后缘游离。上下唇沟相通，上唇沟较深。口角须 1 对，其长度小于眼径。眼较大。背鳍无硬刺。侧线完整且平直。体背部及体侧上半部青灰色，腹部灰白色。体侧中轴有一条浅黑色纵带，上有 13～14 个不明显的黑斑。背部中线隐约可见 4～5 个黑斑。胸鳍、腹鳍及鳃盖边缘为黄色；背鳍、臀鳍及尾鳍为灰白色。网捕期间，共捕获蛇鮈（图 4.22）1 尾，其规格见表 4.10。

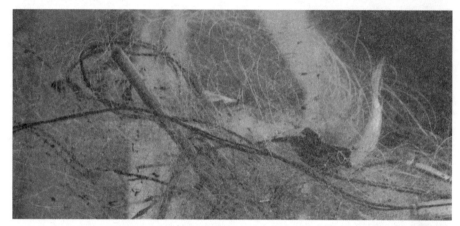

图 4.22　崔家营航电枢纽工程鱼道内网捕到的蛇鮈

表 4.10　网捕到的蛇鮈的规格

序号	体长/mm	全长/mm	体重/g
1	158	191	44.7

（5）马口鱼。马口鱼体延长，侧扁，银灰色带红色，具蓝色横纹。口大，上下颌边缘凹凸。雄鱼臀鳍鳍条延长，生殖季节色泽鲜艳。头后隆起，尾柄较细，腹部圆。头大且圆。吻短，稍宽，端部略尖。口裂宽大，端位，向下倾斜，上颌骨向后延伸超过眼中部垂直线下方，下颌前端有一个不显著的突起与上颌凹陷相吻合。上颌两侧边缘各有一个缺口，正好为下颌的突出物所嵌，形似马口，故名"马口鱼"。口角具 1 对短须。眼较小。鳞细密，侧线在胸鳍上方显著下弯，沿体侧下部向后延伸，于臀鳍之后逐渐回升到尾柄中部。背鳍短小，起点位于体中央稍后，且后于腹鳍起点；胸鳍长；腹鳍短小；臀鳍发达，可伸达尾鳍基；尾鳍深叉。背部灰褐色，腹部灰白色，体中轴有蓝黑色纵纹，生殖期雄鱼头下侧、胸腹鳍及腹部均呈橙红色。雄鱼的头部、胸鳍及臀鳍上均具有珠星，臀鳍第 1～4 根分支鳍条特别延长；体色较为鲜艳。网捕期间，共捕获马口鱼（图 4.23）1 尾，其规格见表 4.11。

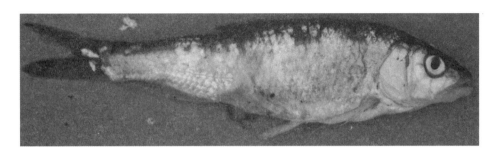

图 4.23 崔家营航电枢纽工程鱼道内网捕到的马口鱼

表 4.11 网捕到的马口鱼的规格

序号	体长/mm	全长/mm	体重/g
1	119	145	28.4

（6）圆吻鲴。圆吻鲴体稍侧扁，头呈锥形，眼小，侧位，吻端圆突，口近下位呈横裂，下颌有锐利而发达的角质边缘，背鳍末根不分枝鳍条为硬刺，其长度短于头长，胸鳍不达腹鳍，臀鳍起点紧靠肛门，无腹棱。尾柄宽大，尾鳍分叉，两边缘斜上翘，呈新月牙形。侧线完全，背部体色微黑，腹部淡白色，体侧有 10～11 条黑色斑点组成的条纹，背鳍、尾鳍青灰色，鳍缘灰黑色，其他各鳍色较淡，呈淡橘黄色。网捕期间，共捕获圆吻鲴（图 4.24）5 尾，其规格见表 4.12。

图 4.24 崔家营航电枢纽工程鱼道内网捕到的圆吻鲴

表 4.12 网捕到的圆吻鲴的规格

序号	体长/mm	全长/mm	体重/g
1	198	240	131.7
2	213	257	157.2
3	210	247	136.1
4	228	260	144.5
5	128	157	31.9

（7）犁头鳅。犁头鳅体前部扁平，体高小于体宽，背面隆起，腹面平坦，体中部圆，后部细长呈圆形。头扁平，吻较长，扁平。呈凿状。吻皮下包形成吻褶，与上唇间形成吻沟。吻褶分叶，中叶较宽，后缘具 2 个须状突起，叶间 2 对吻须较长。口下位，弧形，具口角须 2 对。唇肉质，具发达的须状乳突，上唇 2～3 排，下唇 1 排。额部有 1～2 对小须。眼侧上位，眼间隔较宽平，鼻孔 1 对，近眼前缘。鳃裂下角稍延伸至头部腹面。背鳍无硬刺，其最长鳍条长于或短于头长，起点约与腹鳍起点相对，距吻端较距尾鳍基显著为近。胸鳍圆扇形，平展，其起点在眼后缘垂直线之后，末端远不及腹鳍起点。腹鳍后缘左右分开。截形，末端远不及肛门。臀鳍无硬刺。后缘截形。尾鳍叉形。尾柄杆状，细长，其高小于眼径。肛门距腹鳍基部后端较距臀鳍起点为远。体被细鳞，鳞片具疣刺或光滑，头、胸和腹部或臀鳍前均裸露无鳞。侧线完全，平直。体背褐色分节。各鳍均有褐色斑纹。网捕期间，共捕获犁头鳅（图 4.25）1 尾，其规格见表 4.13。

图 4.25　崔家营航电枢纽工程鱼道内网捕到的犁头鳅

表 4.13　网捕到的犁头鳅的规格

序号	体长/mm	全长/mm	体重/g
1	94	109	6.9

（8）铜鱼。铜鱼体细长，前端圆棒状，后端稍侧扁。头小，锥形；眼细小；口下位，狭小呈马蹄形；头长为口宽的 7～9 倍。下咽齿末端稍呈钩状；须 1 对，末端超过眼后缘。胸鳍后伸不达腹鳍起点。体呈黄铜色，各鳍浅黄色。网捕期间，共捕获铜鱼（图 4.26）1 尾，其规格见表 4.14。

图 4.26　崔家营航电枢纽工程鱼道内网捕到的铜鱼

表 4.14　网捕到的铜鱼的规格

序号	体长/mm	全长/mm	体重/g
1	243	281	204.6

（9）鳜。鳜体较高而侧扁，背部隆起。口大，下颌明显长于上颌。上下颌、犁骨、口盖骨上都有大小不等的小齿，前鳃盖骨后缘呈锯齿状，下缘有 4 个大棘，后鳃盖骨后缘有 2 个大棘。头部具鳞，鳞细小；侧线沿背弧向上弯曲。背鳍分两部分，彼此连接，前部为硬刺，后部为软鳍条。体黄绿色，腹部灰白色，体侧具有不规则的暗棕色斑点及斑块；自吻端穿过眼眶至背鳍前下方有一条狭长的黑色带纹。网捕期间，共捕获鳜（图 4.27）1 尾，其规格见表 4.15。

图 4.27　崔家营航电枢纽工程鱼道内网捕到的鳜

表 4.15　网捕到的鳜的规格

序号	体长/mm	全长/mm	体重/g
1	219	242	191.9

（10）鲢。鲢体侧扁，头较大，但远不及鳙。口阔，端位，下颌稍向上斜。鳃耙特化，彼此联合成多孔的膜质片。口咽腔上部有螺形的鳃上器官。眼小，位置偏低，无须。下咽齿勺形，平扁，齿面有羽纹状，鳞小。白喉部至肛门间有发达的皮质腹棱。胸鳍末端仅伸至腹鳍起点或稍后。鳔 2 室，体银白色，各鳍灰白色。网捕期间，共捕获鲢（图 4.28）2 尾，其规格见表 4.16。

图 4.28　崔家营航电枢纽工程鱼道内网捕到的鲢

表 4.16　网捕到的鲢的规格

序号	体长/mm	全长/mm	体重/g
1	238	281	203.3
2	224	278	194.8

（11）鳌。鳌体细长，侧扁，背部几成直线，腹部略凸。自胸鳍基部至肛门有明显的腹棱。口端位，口裂向上倾斜。眼位于头的前部。鳍分叉深，下叶较上叶略长。体背部淡青灰色，体侧及腹部银白色，尾鳍边缘灰黑色，其他鳍均为浅黄色。生活于河流、湖泊中，从春至秋常喜群集于沿岸水面游泳，行动迅速。食物主要为藻类、高等植物碎屑、甲壳动物及昆虫等。网捕期间，共捕获鳌（图 4.29）6 尾，其规格见表 4.17。

图 4.29　崔家营航电枢纽工程鱼道内网捕到的鳌

表 4.17　网捕到的鳌的规格

序号	体长/mm	全长/mm	体重/g
1	113	134	13.8
2	100	118	12.0
3	104	120	12.3
4	114	132	17.7
5	113	140	14.2
6	130	158	21.7

4. 水声学监测

在距鱼道出口约 7 m 的地方放置水声学仪器 SIMRAD EY60，监测 5 天，其中包含 2 个夜晚。

1）总体情况

9 月 20～24 日，5 天内水声学仪器探测总时长为 1 271 min，共获得 658 个目标，平均每分钟获得 0.5 个目标。每日调查情况如表 4.18 所示。

表 4.18　水声学探测概况表

日期		起止时间	时长/min	目标个数	每分钟获得的目标个数
9 月 20 日	昼	15:00～17:30	150	184	1.2
	夜	19:58～21:28	90	44	0.5
9 月 21 日	昼	09:19～11:29 14:28～17:15	297	172	0.6
	夜	20:50～21:41	51	43	0.8
9 月 22 日	昼	08:53～11:33 15:04～17:30	306	32	0.1
9 月 23 日	昼	08:54～11:27 14:57～17:15	291	83	0.3
9 月 24 日	昼	16:08～17:34	86	100	1.2
总计			1 271	658	0.5

2）白天目标强度分布

9 月 20 日白天获得目标 184 个，目标强度均值为-48.91 dB，对应的鱼类标准体长为 30 cm。图 4.30 出现 2 个波峰，峰值分别为-55 dB 和-37 dB，对应的鱼类体长分别为 22 cm 和 100 cm。鱼道中可能有大中型鱼类通过。

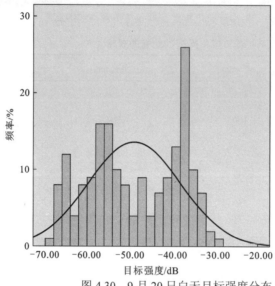

图 4.30　9 月 20 日白天目标强度分布

9 月 21 日白天获得目标 172 个，目标强度均值为-60.30 dB，标准体长为 15 cm。图 4.31 单峰峰值为-60 dB，对应的鱼类体长为 20 cm。

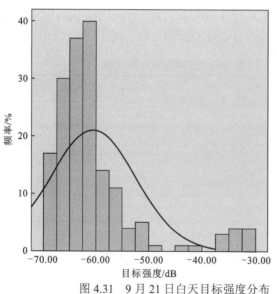

图 4.31　9 月 21 日白天目标强度分布

9 月 22 日白天获得目标 32 个，目标强度均值为-61.17 dB，标准体长为 12 cm。图 4.32 单峰峰值为-59 dB，对应的鱼类体长为 13 cm。

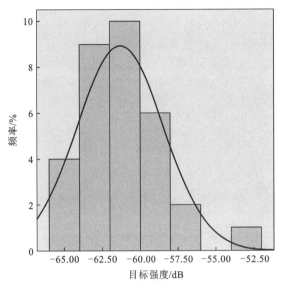

图 4.32　9 月 22 日白天目标强度分布

9 月 23 日白天获得目标 83 个，目标强度均值为-66.58 dB，标准体长为 8 cm。图 4.33
单峰峰值为-67 dB，对应的鱼类体长为 6 cm。

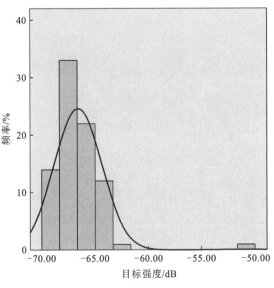

图 4.33　9 月 23 日白天目标强度分布

9 月 24 日白天获得目标 100 个，目标强度均值为-49.39 dB，标准体长为 30 cm。
图 4.34 单峰峰值为-49 dB，对应的鱼类体长为 31 cm。

综上，白天共获得目标 571 个，目标强度均值为（-55.68±0.44）dB，95%置信区
间为-56.55～-54.81 dB，标准体长均值为 33.32 cm，95%置信区间为 29.97～36.67 cm。

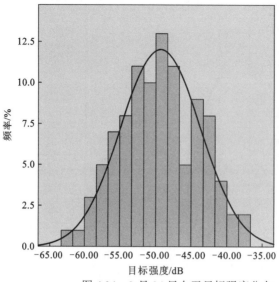

均值=-49.39 dB
方差=5.581
目标个数=100

图 4.34　9 月 24 日白天目标强度分布

3) 夜间目标强度分布

9 月 20 日夜间获得目标 44 个,目标强度均值为-47.05 dB,标准体长为 40 cm。图 4.35 单峰峰值为-47 dB,对应的鱼类体长为 40 cm。

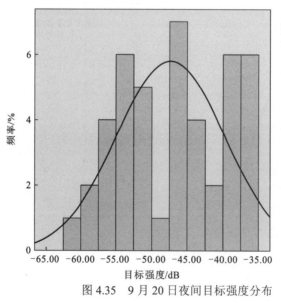

均值=-47.05 dB
方差=7.594
目标个数=44

图 4.35　9 月 20 日夜间目标强度分布

9 月 21 日夜间获得目标 43 个,目标强度均值为-62.08 dB,标准体长为 9 cm。图 4.36 单峰峰值为-64 dB,对应的鱼类体长为 11 cm。

综上,夜间共获得目标 87 个,目标强度均值为-54.48 dB,95%置信区间为-56.75~ -52.21 dB,标准体长均值为 34.62 cm,95%置信区间为 27.24~42.01 cm。虽然目标个数小于白天,但目标强度均值及标准体长均值大于白天。

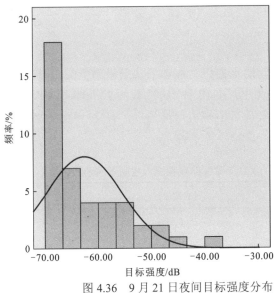

均值=-62.08 dB
方差=7.453
目标个数=43

图 4.36　9 月 21 日夜间目标强度分布

4）标准体长分布

将白天和夜间的监测数据进行汇总，并采用公式

$$TS=23.902lgSL-87.3$$

进行换算，得到总体标准体长均值为 33.50 cm，95%置信区间为 30.43～36.55 cm，其中 SL 为标准体长（cm），TS 为目标强度（dB）。从图 4.37 可以看出，在 50～120 cm 范围内也有目标分布，但是个数很少。

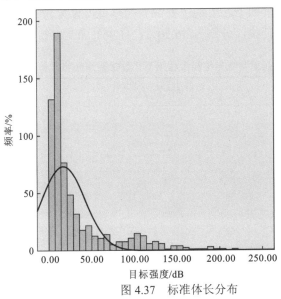

均值=-33.49 dB
方差=39.971
目标个数=658

图 4.37　标准体长分布

5. 坝下渔获物

为了解枢纽工程坝下渔获物的种类和生物学性状，于调查期间采用询问和采样的方

法对坝下渔获物进行了调查。

1）坝下渔获物组成结构

2012 年 9 月在汉江崔家营航电枢纽工程坝下共采集到鱼类 16 种（表 4.19），隶属于 3 目 6 科，鱼类组成以鲤形目为主，共 12 种，占总数的 75.00%；鲇形目 3 种，占 18.75%；鲈形目 1 种，占 6.25%。在鲤形目中鲤科鱼类最多，有 11 种，占鲤形目鱼类总种数的 91.67%；鲇形目的鲿科、鲴科、鲇科各 1 种。

表 4.19　汉江崔家营航电枢纽工程坝下渔获物组成

目	科	数量	种类数占比/%	各目种类数占比/%
鲤形目	鲤科	11	68.75	75
	鳅科	1	6.25	
鲇形目	鲿科	1	6.25	18.75
	鲴科	1	6.25	
	鲇科	1	6.25	
鲈形目	鰕虎鱼科	1	6.25	6.25
合计	6	16	100	100

2）优势种

汉江崔家营航电枢纽工程坝下江段的主要渔获物重量占比见表 4.20，从中可以看出，鲤、草鱼、鲫重量占比为前三位，分别占 46.20%、31.96% 和 7.60%。

表 4.20　汉江崔家营航电枢纽工程坝下江段主要渔获物重量占比

种类	日单船量/kg	重量占比/%
鲫	2.4	7.60
鲤	14.6	46.20
草鱼	10.1	31.96
瓦氏黄颡鱼	0.7	2.22
鳜	0.6	1.90
达氏鲌	0.8	2.53
吻鮈	1.3	4.11
鳊	1.1	3.48
总计	31.6	100.00

崔家营航电枢纽工程坝下江段渔获物中主要经济鱼类为鲤、草鱼、鲫、瓦氏黄颡鱼、鳜、达氏鲌、吻鮈、鳊，此外，鲤和草鱼为优势种。

3）坝下主要经济鱼类生物学统计

对汉江崔家营航电枢纽工程坝下江段 8 种主要经济鱼类进行了生物学统计，如表 4.21 所示。其主要优势种类草鱼和鲤体长、体重范围较广，个体大小不一，但都近似在成熟个体体长、体重范围内。

表 4.21　汉江崔家营航电枢纽工程坝下江段主要经济鱼类体长、体重组成

种类	平均体长/mm	平均体重/g
鲫	174.61 ± 26.40	107.70 ± 29.61
鲤	348.69 ± 82.57	908.61 ± 551.26
草鱼	548.10 ± 75.88	3 306.04 ± 603.37
瓦氏黄颡鱼	163.60 ± 18.86	66.94 ± 24.40
鳜	166.00 ± 12.72	90.60 ± 19.71
达氏鲌	241.00 ± 16.90	157.67 ± 22.71
吻鮈	305.1 ± 38.13	416.84 ± 69.45
鳊	309.40 ± 38.63	186.7 ± 23.32

4）坝下渔获物种类介绍

坝下渔获物种类包括草鱼、鲤、鲫、瓦氏黄颡鱼、鳜、达氏鲌、吻鮈、鳊、花鳕、唇鳕、蛇鮈、鲶、多鳞铲颌鱼、栉鰕虎鱼、汉水扁尾薄鳅、鳘16 种类，其中瓦氏黄颡鱼、鳜、吻鮈、鳊、鳘5 种，已在 4.4.3 小节网具回捕鱼类介绍中做过介绍，以下对未做介绍的鱼进行详细介绍。

（1）草鱼。鲤形目鲤科雅罗鱼亚科草鱼属。又称白鲩、草根鱼、厚鱼。体略呈圆筒形，头部稍平扁，尾部侧扁；口呈弧形，无须；上颌略长于下颌；体呈浅茶黄色，背部青灰色，腹部灰白色，胸、腹鳍略带灰黄色，其他各鳍浅灰色（图 4.38）。

图 4.38　草鱼

　　草鱼一般喜栖居于江河、湖泊等水域的中下层和近岸多水草区域。具河湖洄游习性，性成熟个体在江河流水中产卵，产卵后的亲鱼和幼鱼进入支流及通江湖泊中，通常在被水淹没的浅滩草地和泛水区域及干支流附属水体（湖泊、小河、港道等水草丛生地带）摄食肥育。冬季则在干流或湖泊的深水处越冬。分布于长江、汉江干流、湖泊。

　　（2）鲤。体粗壮，呈纺锤形，腹部圆，头后背部隆起，口端位，马蹄形。唇较发达。须2对，颌须比吻须长。下咽齿的主行齿呈臼状。背鳍和臀鳍的第三根不分枝鳍条为带锯齿的硬刺。体呈青灰色并带金黄色，背部色较深，体侧每个鳞片后部呈黑色，臀鳍和尾鳍呈橘红色（图4.39）。

图4.39　鲤

　　鲤喜生活于江河、湖泊等水体的底层。成鱼的食性属以软体动物为主的杂食性。幼鱼期则以大型浮游动物为主食。分布于长江、汉江干流、湖泊、库区等水域。

　　（3）鲫。体高，侧扁，背鳍起点前稍隆起，大个体更为明显。头短，吻钝，口端位，无须，眼较大。下咽齿侧扁，齿面有一条沟纹。背鳍及臀鳍的第三根不分枝鳍条为硬刺，其后缘呈锯齿状，胸鳍较长，后端几乎达到腹鳍基部。尾柄短且高。体背及两侧呈银灰色，各鳍灰色（图4.40）。

图4.40　鲫

生活适应性强，尤其喜生活在水草丛生的浅水区。食性为杂食性，主要以水生高等植物碎屑为食，也食硅藻、丝状藻及大型浮游动物。分布于长江、汉江干流及湖泊、池塘等水域。

（4）达氏鲌。个体小，体侧扁，较薄。头部较小。头后背部隆起。口上位，斜裂，下颌突出于上颌的前方。眼大。侧线明显、平直。被细小圆鳞。背、腹鳍均具强大而光滑的硬棘。腹棱从腹鳍基部到肛门处。胸鳍末端达到或超过腹鳍起点。臀鳍长，不分枝鳍条 3，分支鳍条 23～29。尾柄粗壮。尾鳍宽大，呈深叉形。背部青灰色，前部较淡，后部较深，两侧及腹部银白色，各鳍略带浅黄色，尾鳍边缘青绿色（图 4.41）。

图 4.41　达氏鲌

达氏鲌分布于全国各主要水系，湖泊、水库均产，春季为捕捞旺季，以 5 月产量较多。

（5）花鳕。体长，较高，背部自头后至背鳍前方显著隆起，以背鳍起点处为最高，腹部圆。头中等大，头长小于体高。吻稍突，前端略平扁，其长小于或等于眼后头长。口略小，下位，稍近半圆形。唇薄，下尾侧叶极狭窄，中叶为一宽三角形明显突起。唇后沟中断，间距较唇明为宽。须 1 对，口角。较短，长度为眼径的 50%～70%。眼较大，侧上位。眼间宽广，稍隆起。前眶骨、下眶骨及前鳃盖骨边缘具 1 排黏液腔。体鳞较小。侧线不全，略平直。背鳍长，末根不分枝鳍条为光滑的硬刺，长且粗壮，其长几与头长相等，起点距吻端较距尾鳍基为小。胸鳍后端略钝，后伸不达腹鳍起点。腹鳍短小，起点稍后于背鳍起点，末端后伸远不及肛门及臀鳍起点。肛门紧靠臀鳍起点。臀鳍较短，起点距尾鳍基较距腹鳍起点为近，其末端本达尾鳍基。尾鳍分叉，上 F 叶等长，末端钝圆。下咽骨较粗壮，主行下咽齿顶端钩曲，外侧 2 行甚纤细。鳃耙发达，粗长，为长锥状。肠管短，等于或略长于体长，为体长的 1.0～1.1 倍。鳔大，2 室，前室卵圆形，后室末端尖细，呈长锥形，后室长为前室的 1.8～2.4 倍。腹膜银灰色。体背及体侧上部青灰色，腹部白色。体侧具多数大小不等的黑褐色斑点，沿体侧中轴侧线的稍上方处有 7～11 个黑色大斑点。背鳍和尾鳍具多数小黑点，其他各鳍灰白色（图 4.42）。为江湖中常见的中下层鱼类。以水生昆虫的幼虫为主要食物，也食软体动物和小鱼。

图 4.42　花䱻

（6）唇䱻。体长，略侧扁，胸腹部稍圆。头大，其长大于体高。吻长，稍尖而突出，长度显著大于眼后头长。口大，下位，呈马蹄形。口角向后延伸不达眼前缘。唇厚，肉质，下唇发达，两侧叶特别宽厚，具发达的皱褶，中央有一极小的三角形突起，常被侧叶所盖。唇后沟中断，间距甚窄。须 1 对，位口角，其长度略小于或等于眼径，后伸可达眼前缘的下方。眼大，侧上位，眼间较宽，微隆起。前眶骨、下眶骨及前鳃盖骨边缘具 1 排黏液腔，前眶骨扩大。体被圆鳞，较小。侧线完全，略平直。背鳍末根不分枝鳍条为粗壮的硬刺，后缘光滑，较头长为短，约为其 2/3，起点距吻端较距尾鳍基为小。胸鳍末端略尖，后伸不达腹鳍起点。腹鳍较短小，起点位于背鳍起点稍后的下方。肛门紧靠臀鳍起点。臀鳍较长，有的个体末端几达尾鳍基部，起点距尾鳍基与距腹鳍起点相等。尾鳍分叉，上 r 叶等长，末端微圆。下咽骨宽，较粗壮，下咽齿主行略粗长，末端钩曲，外侧 2 行纤细，短小。鳃耙发达，较长，顶端尖。肠管粗短，为体长的 0.9～1.1 倍。鳔大，2 室，前室卵圆形，后室长锥形，末端尖细，为前室的 1.7～2.5 倍。腹膜银灰色。体背青灰色，腹部白色。成鱼体侧无斑点，小个体具不明显的黑斑。背鳍、尾鳍灰黑色，其他各鳍灰白色（图 4.43）。广泛分布。

图 4.43　唇䱻

（7）鲇。体长，头部平扁，头后侧扁。口阔，上位，下颌突出。上下颌及犁骨上有许多绒毛状细齿。成鱼须 2 对，幼鱼期须 3 对。眼小，体光滑无鳞。背鳍萎缩呈丛状，胸鳍有一根硬刺，其前缘有锯齿；臀鳍长，后端与尾鳍相连；尾鳍小，呈斜切形。体呈灰褐色，具黑色斑块，有时全身黑色，腹部白色，其他各鳍灰黑色；幼鱼期体黄绿色（图 4.44）。

图 4.44　鲇

鲇喜欢栖息于江河缓流水域和湖泊的中下层，也能适应流水生活。白天多隐蔽于草丛、石块下或深水的底层，晚间则非常活跃，喜游至浅水处觅食。捕食对象多为小鱼，也食虾和水生昆虫，属于底栖肉食性鱼类。秋后则居于深水或在污泥中越冬，冬季的摄食程度也减弱。广泛分布。

（8）多鳞铲颌鱼。体长，稍侧扁，背稍隆起，腹部圆。头短，吻钝，口下位，横裂，口角伸至头腹面的侧缘。下颌边缘具锐利角质；须 2 对，上颌须极细小，口角须也很短。背鳍无硬刺，外缘稍内凹。胸部鳞片较小，埋于皮下。体背黑褐色，腹部灰白色。体侧每个鳞片的基部具有新月形黑斑，背鳍和尾鳍灰黑色，其他各鳍灰黄色，外缘金黄色，背鳍和臀鳍都有一条橘红色斑纹（图 4.45）。

图 4.45　多鳞铲颌鱼

多鳞铲颌鱼平时多栖息在河底质地为砂石、水质澄清的河段，冬季多在岩缝、洞穴越冬。分布于长江、汉江干流。

（9）栉鰕虎鱼。体细长，前部浑圆，后部侧扁，头平扁。吻长，口阔而大，唇厚，上下颌具数排绒毛状细齿。前鳃盖上的肌肉发达。头部被鳞，胸、腹部裸露无鳞。两个背鳍不相连接，前背鳍为硬刺组成，后背鳍全是软鳍条。腹鳍在胸部合并成吸盘状。幼鱼体色微白，长至 3 cm 左右，开始出现色素。成鱼体色暗灰，有 4 条黑色分叉的宽斑带横跨背部，在侧面扩散成不规则的黑色小点（图 4.46）。

图 4.46　栉鰕虎鱼

栉鰕虎鱼喜生活在底质为沙土、砾石、水质清亮而含氧丰富的池塘、湖泊、小河流的浅水区及山涧小溪中。平时分散居住在石隙里，用强有力的吸盘状腹鳍攀附于石壁，觅食时才从石隙中外出。成鱼喜欢跳跃，有时跳出水面，有时从一块石头上跳往另一块石头。分布于江河、湖泊、水库等水域。

（10）汉水扁尾薄鳅。体延长，侧扁，头背面较宽，眼小，侧上位，眼后头长大于吻长，眼下刺不分叉。吻突出。口稍下位。唇发达。须 3 对。背鳍起点至吻端较至尾鳍基为远。胸鳍小，扇形，胸鳍和腹鳍基部两侧都有一肉质突起。腹鳍小，扇形，起点在背鳍的稍前方，末端不达肛门。臀鳍长形。尾鳍分叉，两叶末端较圆。体侧上半部深褐色，下半部浅黄色，全体无任何斑纹，仅背鳍基部有一黄色斑块，背鳍和尾鳍上有由黑色及黄色相间组成的条纹。臀鳍上也有斑条（图 4.47）。分布于汉江、清江。

图 4.47　汉水扁尾薄鳅

第5章 赣江峡江水利枢纽工程鱼道效果评估

5.1 引 言

　　成功的过鱼设施设计是生物学家、工程师和管理者密切合作的结果，过鱼设施技术这一术语的原始意义是带有经验性的，应该以来自效果监测的反馈信息为基础。

　　本章以赣江峡江水利枢纽工程鱼道为对象，分析了赣江鱼类资源现状及变化趋势，结合鱼道运行特点，采用堵截法和张网法捕获鱼道中通过的鱼类，并同步测量鱼道内水温、溶氧和流速。调查时间涵盖了鱼类生活史的四个季节，调查区域包括峡江水利枢纽坝上、坝下和鱼道内，获取了通过鱼道的鱼类的种类组成、位置分布、季节差异、体长情况，分析了 10 种通过鱼道的鱼类与环境因子的关系，探讨了影响过鱼效果的因素，比较了峡江水利枢纽工程鱼道与国内其他鱼道效果的差异，旨在为垂直竖缝式鱼道的过鱼效果评估提供借鉴，也可为我国同类型鱼道的设计和改进提供支撑。

5.2 赣江峡江水利枢纽工程鱼道概况

5.2.1 流域概况

　　赣江地处长江中下游南岸，南北纵贯江西全境，是江西省内第一大河流，发源于石城，在永修吴城注入鄱阳湖，河流长度为 766 km，流域面积为 8.35 万 km²，约占江西总面积的 50%。赣江向北流经吉安、樟树和丰城到南昌，并分为四个支流进入鄱阳湖。赣江分为上、中、下游三段，从河源至赣州为上游，长 312 km，穿行于山丘、峡谷之中，山脉纵横交错，支流众多；赣州至新干为中游，长 303 km，穿行于丘陵之间，山势陡峭，水流湍急；新干至吴城为下游，长 208 km，地势平坦，河面宽阔，最终注入鄱阳湖。

　　赣江属亚热带湿润季风气候区，四季分明，雨量充足。年平均气温为 17.6℃，降水季节分布不均，主要降水季节在每年的 4～7 月。赣江流域降雨量和径流量呈明显的周期性与季节性。赣江的径流量主要集中在 4～6 月，秋季径流量变化最大，冬季次于秋季，夏季次于冬季，春季变化最小，春夏径流量处于减少状态，夏季较春季减少更明显，而秋冬季径流量处于增加状态，趋势变化均不显著。

　　赣江地质地貌格局以山地丘陵为主，且自南向北呈阶梯状。流域覆盖的山脉从南向北有九连山、大庾岭、武夷山脉、罗霄山脉、怀玉山脉、九岭山脉、幕阜山脉。上游绵延不绝，中游低山丘陵相间，下游为平原区。

5.2.2　赣江鱼类资源

1. 赣江鱼类资源研究概况

　　自 20 世纪 50～60 年代起，我国不少学者曾先后对赣江流域的鱼类资源及其区系进行了调查，结果显示，赣江鱼类共有 118 种和 5 个亚种，隶属 11 目 22 科 74 属，占江西鱼类总种数 50%以上。以鲤科为主，占总种数的 64.4%在鲤科鱼类中，以鮈亚科和鲌亚科为主，占总种数的 58.5%，鳠科占 9.3%，鲿科占 5.1%，鳅科、银鱼科、鲇科、塘鳢科、鰕鯱鱼科、斗鱼科和鳢科等各占 1.7%，其余 12 科共占 9.3%。郭治之（1983）和田见龙（1988）1982～1991 年对赣江建坝前进行了较为系统的调查，共记录鱼类 11 目 22 科 74 属 177 种。邹淑珍等（2010）2008～2009 年对泰和段、吉安段及峡江段等河段的鱼类进行了调查和统计，共记录鱼类 7 目 16 科 58 属 71 种。2009～2010 年赣江赣州段记录鱼类 7 目 17 科 68 属 79 种，渔获物中黄颡鱼属和鲴属占比最多，分别为 19.66%和 17.08%。胡茂林等（2011）记录赣江源自然保护区鱼类 4 目 8 科 15 属 16 种，大多数为山溪型小型鱼类，如侧条光唇鱼（*Acrossocheilus parallens*）、宽鳍鱲（*Zacco platypus*）、平舟原缨口鳅（*Vanmanenia pingchowensis*）、信宜原缨口鳅（*Vanmanenia xinyiensis*）等。张建铭等（2011）2010 年记录赣江峡江段鱼类 7 目 16 科 58 属 71 种，发现鲤形目鱼类最多，其次为鲇形目、鲈形目、合鳃目、鲱形目、鳗鲡目、颌针鱼目，增加新记录种 6 种，包括寡鳞鱊（*Acheilognathus hypselonotus*）、革条副鱊（*Paracheilognathus himantegus*）、侧条光唇鱼、青梢红鲌（*Erythroculter dabryi*）、短颌鲚（*Coilia brachygnathus*）和间下鱵（*Hyporhamphus intermedius*）。苏念等（2012）记录峡江至南昌段鱼类 6 目 16 科 60 属 90 种。敖雪夫（2016）记录赣江中下游干流及支流的鱼类 6 目 17 科 62 属 95 种，其中鲤科鱼类比例最大，占总种数的 56.8%，新增记录种 1 种——胭脂鱼。王朝阳（2019）记录赣江下游鱼类 7 目 15 科 54 属 84 种，鲤形目占比较多，为 2 科 58 种，主要优势种为鲤、似鳊（*Pseudobrama simoni*）、银鲴（*Xenocypris argentea*）。根据资料整理，1982～2018 年赣江鱼类共记录 203 种。

2. 赣江鱼类资源现状及发展趋势

1）捕捞量逐年下降

受过度捕捞、水利水电工程建设、环境污染等因素的影响，赣江的鱼类资源不断减少，其中四大家鱼的捕捞规模已严重减小，与 20 世纪 60～70 年代渔业资源相比，总产量减少 50%。张建铭等（2009）2008 年对赣江中游四大家鱼进行调查发现，除草鱼有一定的捕捞规模外，青鱼、鲢和鳙捕捞产量均较少。赣江中游各江段鱼类捕捞产量逐年下降，峡江段的渔业产量 2008 年为 1 109 t，2009 年为 1 023 t，2010 年为 938 t，2011 年为 868 t。

2）经济鱼类种类和数量减少

受生态环境变化、人类活动等因素影响，赣江鱼类物种多样性下降，甚至一些珍稀鱼类如鲥等，已多年不见踪迹。根据近几年峡江段渔获物的调查分析，相比于 20 世纪 50 年代，经济鱼类的种类减少了 30%，青鱼、草鱼、鲢、鳙、鲤、鳜等经济鱼类的数量减少了约 1/3。

3）渔获物日趋小型化

苏念等（2012）在赣江峡江至南昌段捕获的鱼类主要为鲤、鲫、鳊、鮈亚科等，曾经的优势种四大家鱼、鳜等占渔获物的比例较少，与 20 世纪 90 年代相比，鱼类的物种组成、优势种及主要经济种类发生了较大变化，并且逐渐呈小型化趋势。目前，在渔业产量和群落结构方面，峡江段渔业的总体状况和趋势是：渔业资源量持续减少，经济鱼类比重下降，渔获物小型化。

5.2.3　鱼道设计方案

自 20 世纪 90 年代起，赣州以下江段先后修建了 6 座梯级枢纽，自上而下为万安水利枢纽、井冈山航电枢纽、石虎塘航电枢纽、峡江水利枢纽、新干航电枢纽和龙头山水利枢纽。其中，峡江水利枢纽在 2015 年开始运行。

峡江水利枢纽是赣江流域梯级开发的第 4 梯级，下距赣江河口约 260 km，是以防洪、发电、航运为主，兼顾灌溉、供水的大型水利工程。峡江水利枢纽工程鱼道是为满足洄游性鱼类繁殖及越冬的需要而修建的。鱼道长约 1 600 m，宽 3 m，坡度为 1/60，隔板竖缝宽度为 0.5 m，共设有 205 个池室，其中休息池为 21 个，占比 10.2%，池室长度为 3.6 m，深度是 3.5 m，运行水深为 3 m（图 5.1），峡江水利枢纽工程鱼道的主要过鱼对象是草鱼、青鱼、鲢、鳙、赤眼鳟等洄游性鱼类，鱼道进口在厂房尾水渠的右侧，进口与尾水相依，利用尾水诱鱼使之进入鱼道，并配备有相应的集鱼系统和鱼道观察室。

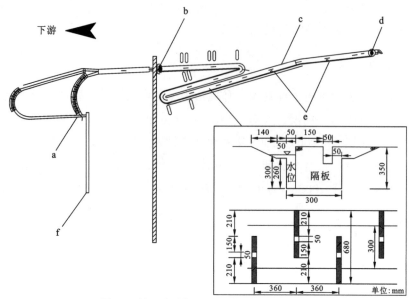

图 5.1　峡江水利枢纽工程鱼道平面结构图

a 为鱼道进鱼口；b 为坝体；c 为鱼道；d 为鱼道主出口；e 为鱼道副出口 1、鱼道副出口 2；f 为集鱼系统

5.3　鱼道过鱼效果监测方法

　　峡江水利枢纽工程鱼道运行水位为 3 m，因不同季节及上游来水量的变化，鱼道内的水位会上下波动，水深为 2 m 时，使用溶氧仪（上海维赛仪器贸易（上海）有限公司 YSI 550A 型）和流速仪（重庆华正水文仪器有限公司 LS45A 型旋杯式）对鱼道内水温、溶氧和流速进行测定。采用堵截法和张网法捕获鱼道中通过的鱼类。堵截法是用渔网堵住鱼道出口，把鱼道中的水排干，并对鱼道内的渔获物进行统计，每次采样 1 天。张网法是在鱼道进口、鱼道副出口处分别放置渔网（网口长×高为 2.5 m×2.5 m，网目为 2.5 cm×2 cm），后面连接集鱼箱，样本收集时间为 9:00、17:00，每次连续采样 3 天，具体调查时间为 2019 年 9 月 21～23 日、2019 年 12 月 31 日、2020 年 1 月 1～2 日、2020 年 4 月 16～18 日、2020 年 8 月 6～8 日，并同步对峡江水利枢纽坝上、坝下鱼类资源开展调查。

5.4　赣江峡江水利枢纽工程鱼道过鱼效果

5.4.1　鱼道内水体环境

　　不同季节鱼道内的环境因子不同（表 5.1）。夏季鱼道的池室流速 [（1.13±0.05）m/s]

最大，春季 [（0.98±0.02）m/s] 和秋季 [（0.88±0.06）m/s] 次之，冬季 [（0.71±0.04）m/s] 最小。鱼道内水温为（13.1±0.29）～（32.77±0.40）℃，溶氧为（6.32±0.26）～（9.72 ±0.03）mg/L。

表 5.1　峡江水利枢纽工程鱼道的环境因子

季节	水深/m	流速/（m/s）	水温/℃	溶氧/（mg/L）
春	2	0.98±0.02	18.13±0.05	8.71±0.08
夏	2	1.13±0.05	32.77±0.40	6.32±0.26
秋	2	0.88±0.06	24.24±0.17	8.58±0.04
冬	2	0.71±0.04	13.1±0.29	9.72±0.03

5.4.2　过鱼种类组成及分布

2019 年 9 月～2020 年 8 月在峡江水利枢纽工程鱼道内共记录鱼类 4 605 尾，计 42 种，隶属于 4 目 9 科 34 属（表 5.2）。数量占比前五的有宽鳍鱲、银鮈、鳘、蛇鮈和翘嘴鲌，分别为 17.24%、14.29%、11.34%、6.86% 和 5.78%；重量占比前五的有草鱼、鲤、翘嘴鲌、赤眼鳟和鳊，分别为 39.85%、10.39%、9.98%、8.32% 和 6.55%。捕获的鱼类体长为 2.3～48.5 cm，体重为 1.1～1 165.4 g，体长以 30 cm 以下鱼类为主。江湖洄游性鱼类中草鱼有 161 尾，数量占比为 3.50%，赤眼鳟有 204 尾，占 4.43%，似鳊有 60 尾，占 1.30%，淡海水间洄游鱼类有鳗鲡 3 尾，占 0.07%。

表 5.2　调查期间峡江水利枢纽工程鱼道内渔获物组成（堵截法）

种类	数量					体长/cm	体重/g
	春季	夏季	秋季	冬季	数量占比/%		
马口鱼 *Opsariichthys bidens*	18	9	0	6	0.72	4.0～12.2	3.1～30.2
宽鳍鱲 *Zacco platypus*	112	124	500	58	17.24	3.5～10.1	2.5～15.7
草鱼 *Ctenopharyngodon idellus*	0	108	53	0	3.50	22.4～48.5	119.03～1 165.4
赤眼鳟 *Squaliobarbus curriculus*	18	166	20	0	4.43	13.5～36.5	36.4～532.7
大眼华鳊 *Sinibrama macrops*	0	4	2	0	0.13	11.1～14.8	13.5～23.4
飘鱼 *Pseudolaubuca sinensis*	94	3	0	0	2.11	14.9～21.1	24.4～69.7
鳘 *Hemiculter leucisculus*	78	48	96	300	11.34	2.3～14.4	1.3～30.3
贝氏鳘 *Hemiculter bleekeri*	12	0	0	0	0.26	8.2～9.8	5.0～9.5
拟尖头鲌 *Culter oxycephaloides*	1	0	0	0	0.02	32.5	850

种类	数量					体长/cm	体重/g
	春季	夏季	秋季	冬季	数量占比/%		
蒙古鲌 *Culter mongolicus*	0	50	0	0	1.09	17.4～29.3	54.9～199.5
翘嘴鲌 *Culter alburnus*	0	266	0	0	5.78	18.4～27.3	59.9～193.5
鳊 *Parabramis pekinensis*	0	120	0	0	2.61	14.0～28.0	51.2～286.0
团头鲂 *Megalobrama amblycephala*	0	32	4	0	0.78	13.4～26.8	49.7～276.9
银鲴 *Xenocypris argentea*	0	230	20	3	5.49	22.4～32.3	261.3～457.6
圆吻鲴 *Distoechodon tumirostris*	0	85	0	0	1.85	15.1～23.3	20.0～33.4
似鳊 *Pseudobrama simoni*	45	15	0	0	1.30	11.6～15.6	23.3～78.1
华鳈 *Sarcocheilichthys sinensis*	78	35	0	0	2.45	9.8～16.2	15.1～76.4
蛇鉤 *Saurogobio dabryi*	242	45	24	5	6.86	3.6～19.6	1.7～104.3
银鉤 *Squalidus argentatus*	112	56	290	200	14.29	3.6～13.1	2.7～40.3
吻鉤 *Rhinogobio typus*	6	3	2	0	0.24	7.3～24.5	4.3～161.3
领须鉤 *Gnathopogon taeniellus*	0	0	0	4	0.09	3.6～4.8	2.7～3.3
宜昌鳅鮀 *Gobiobotia filifer*	5	0	0	0	0.11	8.1～10.5	5.0～17.5
棒花鱼 *Abbottina rivularis*	0	0	0	4	0.09	4.2～5.0	4.4～4.8
大鳍鱊 *Acheilognathus macropterus*	21	10	0	0	0.67	9.3～18.5	8.3～31.2
兴凯鱊 *Acheilognathus chankaensis*	15	0	0	0	0.33	6.9～9.2	7.5～15.6
墨头鱼 *Garra lamta*	0	0	1	0	0.02	3.8	5.4
鲤 *Cyprinus carpio*	0	65	8	0	1.59	18.4～32.9	138.0～848.3
红鲤 *Cyprinus rubrofuscus flammans*	0	10	0	0	0.22	15.4～27.9	116.2～684.9
鲫 *Carassius auratus*	33	51	9	0	2.02	7.2～10.3	35.4～75.8
花斑副沙鳅 *Parabotia fasciata*	7	4	2	7	0.43	6.2～8.6	2.8～5.8
武昌副沙鳅 *Parabotia banarescui*	8	7	4	8	0.59	6.4～9.0	3.0～6.2
点面副沙鳅 *Parabotia maculosa*	9	4	2	0	0.33	6.9～8.4	2.5～5.5
泥鳅 *Misgurnus anguillicaudatus*	0	3	6	0	0.20	5.3～5.8	2.3～4.8
黄颡鱼 *Pelteobagrus fulvidraco*	30	180	15	0	4.89	13.5～21.8	11.7～191.2

续表

种类	数量					体长/cm	体重/g
	春季	夏季	秋季	冬季	数量占比/%		
粗唇鮠 *Leiocassis crassilabris*	9	35	11	0	1.19	13.7～34.8	32.9～753.1
中华纹胸鮡 *Glyptothorax sinense*	1	0	0	0	0.02	12.3	43.5
鳜 *Siniperca chuatsi*	17	75	20	0	2.43	9.8～28.7	25～72.3
大眼鳜 *Siniperca kneri*	3	6	0	0	0.20	11.6～15.6	26～64.3
长身鳜 *Siniperca roulei*	2	8	0	0	0.22	7.8～15.5	18.5～45.7
中华刺鳅 *Mastacembelus sinensis*	5	0	0	0	0.11	7.2～8.5	5.2～6.8
子陵吻虾虎鱼 *Rhinogobius giurinus*	14	0	0	66	1.74	4.9～6.2	1.1～3.1
鳗鲡 *Anguilla japonica*	0	0	0	3	0.07	5.8～6.9	5.2～6.8

注：数量占比例和不为 100%由四舍五入导致。

通过在鱼道进鱼口（观察室前 20 m）隔板孔口处放置拦河网，共捕获鱼类 968 尾，有 3 目 6 科 22 种（表 5.3）。鲤形目鱼类共有 16 种，占总种数的 72.7%，其次是鲇形目和鲈形目，各有 3 种，分别占 13.6%。数量以宽鳍鱲最多，占总数量的 66.32%，蛇鮈、银鮈次之，分别占 14.15%和 5.27%。在鱼道副出口 2 隔板孔口处放置拦河网，共捕获鱼类 84 尾，分别隶属于 3 目 4 科 16 种。其中，以鲤形目鱼类为主，共 13 种，占总种数的 81.25%，鲇形目 2 种，占 12.50%，鲈形目 1 种，占 6.25%。似鳊数量最多，占总种数的 20.24%，蛇鮈、飘鱼次之，分别占 16.67%和 14.29%。

表 5.3　调查期间峡江水利枢纽工程鱼道内渔获物组成（张网法）

种类	进鱼口鱼类数量	副出口 2 鱼类数量	体长/cm	体重/g
宽鳍鱲	642	3	3.5～10.1	2.5～15.7
马口鱼	2	3	4.0～12.2	3.1～30.2
鳘	4	1	2.3～14.4	5.3～27.3
银鮈	51	0	3.6～19.6	2.7～30.3
蛇鮈	137	14	5.6～13.1	1.7～64.3
吻鮈	3	3	7.3～14.5	4.3～89.3
墨头鱼	1	0	3.8	5.4
泥鳅	2	0	5.3～5.8	2.3～4.8
华鳈	24	11	9.8～16.2	15.1～76.4

续表

种类	进鱼口鱼类数量	副出口 2 鱼类数量	体长/cm	体重/g
飘鱼	44	12	14.9～21.1	24.4～69.7
似鳊	1	17	11.6～15.6	23.3～78.1
鳊	2	1	6.5～10.2	23.1～52.3
鲫	6	2	6.2～9.5	22.9～38.6
大鳍鱊	3	1	9.3～18.5	8.3～31.2
兴凯鱊	7	1	6.9～9.2	7.5～15.6
鳜	13	8	7.8～28.7	25～62.3
长身鳜	1	0	7.8～15.5	18.5～45.7
大眼鳜	2	0	11.6～15.6	26～64.3
宜昌鳅鲍	2	0	8.1～10.5	5.0～17.5
黄颡鱼	11	2	13.5～21.8	11.7～191.2
粗唇鮠	9	5	13.7～34.8	32.9～753.1
中华纹胸鮡	1	0	12.3	43.5

根据鱼类的生活习性划分，鱼道内鱼类可分为定居性、洄游性和河流性（图 5.2）。其中，以定居性鱼类为主，共计 23 种，占总种数的 54.8%，包括鳘、鲤、鲫等；河流性的鱼类有 15 种，包括宽鳍鱲、银鮈和黄颡鱼等，占总种数的 35.7%；洄游性的鱼类较少，仅 4 种，占总种数的 9.5%，有似鳊、赤眼鳟、草鱼、鳗鲡。

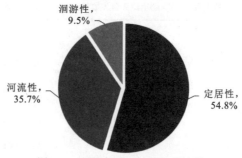

图 5.2　不同生活习性的鱼类占比

从鱼类食性看，鱼道内鱼类可划分为肉食性、草食性、杂食性（图 5.3）。其中，杂食性的鱼类种数最多，共有 24 种，占总种数的 57.1%，包括蛇鮈、银鮈、鲫、鳘等；其次是肉食性鱼类，共计 13 种，占总种数的 31.0%，包括翘嘴鲌、粗唇鮠、黄颡鱼、鳜等；草食性鱼类仅有 5 种，占总种数的 11.9%，包括草鱼、鳊等。

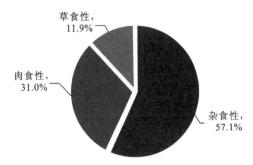

图 5.3　不同食性的鱼类占比

根据鱼类栖息水层划分，可将鱼道内鱼类分为中上层性、中下层性和底层性生态类群（图 5.4）。其中，底层性鱼类有 17 种，占总种数的 40.5%，主要有泥鳅、武昌副沙鳅、黄颡鱼等；中上层性鱼类有 16 种，占总种数的 38.1%，主要有𫚒、鳜等；中下层性鱼类有 9 种，占总种数的 21.4%，主要有鳊、团头鲂等。

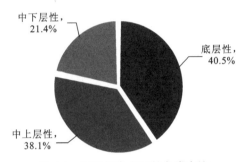

图 5.4　不同栖息水层的鱼类占比

从鱼类卵的类型来看，鱼道内鱼卵分为漂流性卵、黏性卵、沉性卵和喜贝类性卵（图 5.5）。其中，产漂流性卵鱼类最多，有 18 种，占总种数的 42.86%，主要有银鲴、蛇鮈、银鮈等；产黏性卵和沉性卵的鱼类各有 11 种，各占总种数的 26.19%；喜贝类性卵鱼类最少，仅 2 种，包括大鳍鱊、兴凯鱊，占总种数 4.76%。

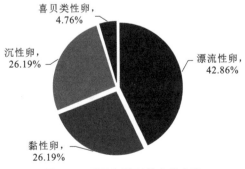

图 5.5　不同卵类型的鱼类占比

5.4.3　过鱼季节差异

调查发现，不同季节鱼类进入鱼道的数量和种数存在较大差异。鱼类数量夏季最多，有 1 857 尾，占总捕获量的 40.33%，秋季、春季次之，分别占总捕获量的 23.65%、21.61%，冬季最少，占总捕获量的 14.42%。鱼类种数夏季和春季最多，分别有 31 种、27 种，秋季和冬季分别有 20 种、12 种（图 5.6）。

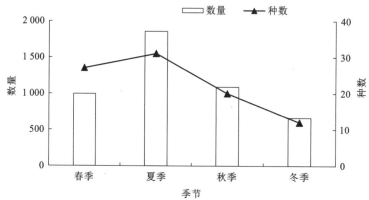

图 5.6　峡江水利枢纽工程鱼道渔获物种数和数量的季节差异

5.4.4　过鱼平均体长分布

鱼道内捕获鱼类的体长为 2.3～48.5 cm（图 5.7），其中，春季以体长 10～25 cm 为主，占 72.9%，夏季以 15～30 cm 为主，占 64.1%，秋季以 5～20 cm 为主，占 55.2%，冬季以 0～15 cm 为主，占 75.2%（图 5.8）。

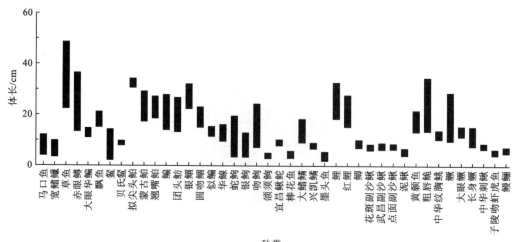

图 5.7　鱼道内鱼类体长分布

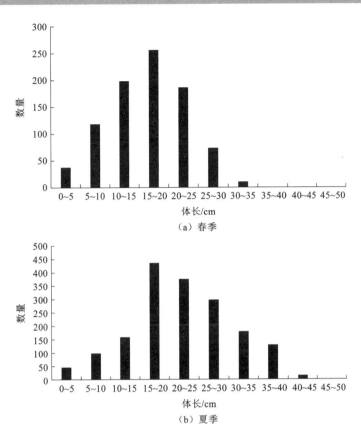

（a）春季

（b）夏季

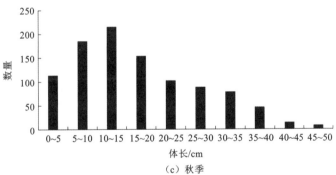

（c）秋季

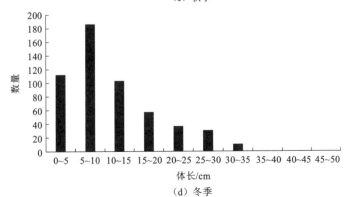

（d）冬季

图 5.8　不同季节鱼道内鱼类标准体长分布图

峡江水利枢纽工程鱼道捕获主要经济鱼类草鱼 141 尾、鳊 120 尾。统计发现，草鱼体长为 22.4~48.5 cm，其中 24~32 cm 为优势体长组，占比 63.8%（图 5.9）；鳊体长为 14.0~28.0 cm，其中 21~27 cm 为优势体长组，占比 52.5%（图 5.10）。

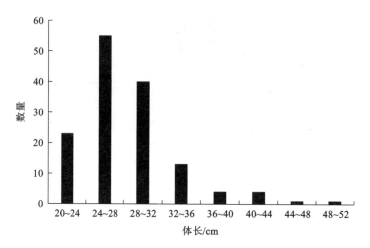

图 5.9　草鱼平均体长分布

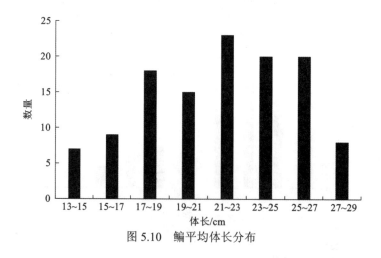

图 5.10　鳊平均体长分布

5.4.5　过鱼与环境因子的关系

选择峡江水利枢纽工程鱼道内 10 种鱼类与环境因子进行冗余分析（表 5.4），前面两轴的特征值是 0.645 2 和 0.282 3，共解释了鱼道内鱼类群落变异程度的 92.74%，物种与环境因子的相关系数都达到 1，反映出排序可以较好地表现出鱼类物种与环境因子的关系。

表 5.4　关于鱼类和环境因子的冗余分析统计信息

指标	轴 1	轴 2	轴 3	轴 4
特征值	0.645 2	0.282 3	0.042 2	0.003 2
解释群落变异程度（累计）/%	64.52	92.74	96.96	97.28
相关系数	0.995 4	0.984 6	0.954 3	0.783 6

从冗余分析排序图（图 5.11）可以看出，轴 1 和水温之间存在最大的正相关性，相关系数为 0.6766；与溶氧存在最大的负相关性，相关系数是 -0.817 3；与坝上水位、坝下水位和流速的相关系数分别为 0.462 0、0.288 5 和 0.800 4。轴 2 与坝下水位之间存在最大的正相关性，相关系数为 0.7849；与坝上水位存在最大的负相关性，相关系数是 -0.831 9，溶氧、水温、坝下水位和坝上水位是影响过鱼效果的主要因素，其中，溶氧、水温及坝下水位有显著相关性（$P < 0.05$）。在与环境因子的关系上，黄颡鱼、翘嘴鲌、赤眼鳟、银鲴、鳊和草鱼与水温、坝上水位正相关，而宽鳍鱲、银鮈和鳌与坝下水位负相关。

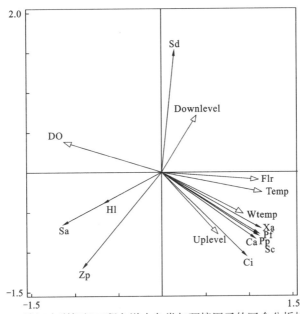

图 5.11　峡江水利枢纽工程鱼道内鱼类与环境因子的冗余分析排序图

Wtemp 为水温；Temp 为气温；Flr 为流速；Uplevel 为坝上水位；Downlevel 为坝下水位；DO 为溶氧；Zp 为宽鳍鱲；

Sa 为银鮈；Sd 为蛇鮈；Sc 为赤眼鳟；Ca 为翘嘴鲌；Hl 为鳌；Pf 为黄颡鱼；Xa 为银鲴；Ci 为草鱼；Pp 为鳊

5.4.6　讨论

1. 影响过鱼效果的因素

鱼道内水文因子的变化和过鱼设施的结构特点是诱发鱼类生理洄游的主要因素。

5.4.3 小节过鱼季节差异研究结果表明，鱼类在夏季通过过鱼设施的数量较多，其次是春季和秋季，其时间与鱼类繁殖时间一致，为了防止泄洪涨水，鱼道在汛期（一般上、下游水位差小于 5 m）关闭，这会在一定程度上影响部分鱼类的洄游。冗余分析结果显示，黄颡鱼、翘嘴鲌、赤眼鳟、鳊、银鲴主要受水温和坝上水位的影响。汛期峡江水利枢纽坝上水位较高，这将会加大枢纽的调度强度，导致水体径流量增加，从而影响鱼类的洄游行为。此外，随着温度的升高，鱼类的游泳能力增强。因此，峡江水利枢纽工程鱼道中水温和水位是重要的环境因子。通过 5.4.2 小节过鱼种类组成及分布调查结果可知，鱼道内最大个体鱼类为草鱼，其体长为 48.5 cm，体重最大为 1 165.4 g，水电工程过鱼设施设计规范表明，鱼类要想通过过鱼设施需考虑鱼道的入口吸引流、出口位置、鱼道内水流速度等是否合理。在水利工程建设中，鱼道是重要的生态补偿措施，可以满足鱼类繁殖、索饵及越冬洄游的需求，而鱼道过鱼效果监测是评价其功能的重要手段（陈凯麒 等，2013）。因此，相关部门和科研机构应该常年对峡江水利枢纽工程鱼道的过鱼种类和规格进行调查研究，掌握鱼道的过鱼效果，进一步优化过鱼设施。

2. 季节性差异

一般情况下，水利设施中春夏季鱼类数量多，秋冬季鱼类数量较少。5.4.3 小节过鱼季节差异研究结果表明，峡江水利枢纽工程鱼道内鱼类上溯呈现明显的季节性差异，春夏秋季鱼类上溯数量较多，冬季鱼类上溯数量较少，这一结果与张艳艳等（2017）对低水头闸坝工程鱼道的研究结论较一致。其原因可能与鱼类的繁殖期和自然水文状况有关。赣江峡江水利枢纽工程鱼道内春季主要有蛇鉤、银鉤、飘鱼、鳘等杂食性鱼类，夏季翘嘴鲌、鳜、黄颡鱼等肉食性鱼类比例较高，其原因是同一江段肉食性鱼类的繁殖季节略晚于非肉食性鱼类，这也是鱼类一种生存适应的策略。另外，汛期鱼道上游的较高水位、鱼类的繁殖产卵活动、鱼道内的较高水温，是通过鱼道的鱼类种类和数量明显增加的主要原因。相反，非汛期上游水位偏低，并且鱼道内水温较低，导致通过鱼道的鱼类种类和数量减少。

3. 过鱼种类及个体大小

峡江水利枢纽工程鱼道的修建是为了解决洄游性鱼类产卵及上下游基因交流的问题，主要过鱼目标是青鱼、草鱼、鲢、鳙及赤眼鳟等洄游性鱼类。据王晓（2022）对峡江水利枢纽鱼道过鱼效果的研究表明，在坝上、坝下均调查到草鱼、鲢、鳙、赤眼鳟、鳊等洄游性鱼类，但在 2019 年 9 月～2020 年 8 月的调查中鱼道内未见四大家鱼中的鲢和鳙，据鱼道管理人员记录，鱼道内出现过青鱼、鲢、鳙，其可能原因是本次调查时间较短，以及渔民针对四大家鱼等经济鱼类重点捕捞，导致其鱼类数量减少。根据 5.4 节鱼道过鱼效果结果表明，鱼道内的鱼类体长以 30 cm 以下为主，过鱼种类主要为宽鳍鱲、银鉤、蛇鉤、黄颡鱼、翘嘴鲌等中小型鱼类。

4. 与国内其他鱼道运行效果的比较

与国内其他鱼道相比（表 5.5），峡江水利枢纽工程鱼道有 42 种鱼类进入过鱼通道，高于列举的其他几座鱼道，这可能与赣江峡江段生境多样化、鱼类资源丰富有关，但峡江水利枢纽工程鱼道主要过鱼目标的数量较低，其原因可能是峡江水利枢纽工程鱼道入口的流速和流态不是适宜的诱鱼参数，对不同种类鱼体的吸引力存在差异，可能造成鱼道过鱼数量的减少。

表 5.5　峡江水利枢纽工程鱼道运行效果与其他鱼道的比较

鱼道名称	鱼道类型	监测时间	过鱼种类	过鱼数量/（尾/h）
洋塘鱼道	垂直竖槽式	1981 年 4～7 月	36	385
裕溪闸鱼道	隔板竖缝式	1973 年 3～5 月	15	75
西牛鱼道	垂直竖槽式	2012 年 3～8 月	38	41
水厂坝鱼道	丹尼尔式	2015 年 8 月～2016 年 7 月	39	35
峡江水利枢纽工程鱼道	垂直竖缝式	2019 年 9 月～2020 年 8 月	42	43

参 考 文 献

敖雪夫, 2016. 水利枢纽对赣江中下游鱼类群落结构影响[D]. 南昌: 南昌大学.

陈凯麒, 葛怀凤, 严飙, 2013. 水利水电工程中的生物多样性保护: 将生物多样性影响评价纳入水利水电工程环评[J]. 水利学报, 44(5): 608-614.

郭治之, 1983. 荷包红鲤的生物学[J]. 南昌大学学报(理科版)(4): 19-36.

何大仁, 蔡厚才, 1998. 鱼类行为学[M]. 厦门: 厦门大学出版社.

胡茂林, 吴志强, 李晴, 等, 2011. 江西赣江源自然保护区鱼类物种多样性初步研究[J]. 四川动物, 30(3): 467-470.

苏念, 李莉, 徐哲奇, 等, 2012. 赣江峡江至南昌段鱼类资源现状[J]. 华中农业大学学报, 31(6): 756-764.

田见龙, 1988. 长江鲢亚科鱼类咽骨咽齿的比较研究[J]. 淡水渔业(4): 24-26.

王朝阳, 2019. 赣江下游鱼类群落结构及物种多样性的分析[D]. 南昌: 南昌大学.

王晓, 高雷, 王珂, 等, 2022. 峡江水利枢纽鱼道过鱼效果的初步研究[J]. 中国水产科学, 29(1):130-140.

徐维忠, 李生武, 1982. 洋塘鱼道过鱼效果的观察[J]. 湖南水产科技(1): 21-27.

严莉, 陈大庆, 张信, 等, 2005. 西藏狮泉河鱼道设计初探[J]. 淡水渔业(4): 31-33.

杨红玉, 李雪凤, 刘晶晶, 2021. 国内外鱼道及其结构发展状况综述[J]. 红水河, 40(1): 5-8.

殷名称, 1995. 鱼类生态学[M]. 北京: 中国农业出版社.

张建铭, 吴志强, 胡茂林, 等, 2009. 赣江中游峡江段鱼类资源现状[J]. 江西科学, 27(6): 916-919.

张建铭, 吴志强, 胡茂林, 等, 2011. 赣江中游四大家鱼幼鱼的形态测量与分析[J]. 江西水产科技, 125(1): 9-12.

张艳艳, 何贞俊, 何用, 等, 2017. 低水头闸坝工程鱼道过鱼效果评价[J]. 水利学报, 48(6): 748-756.

邹淑珍, 吴志强, 胡茂林, 等, 2010. 峡江水利枢纽对赣江中游鱼类资源影响的预测分析[J]. 南昌大学学报(理科版), 34(3): 289-293.

VIGNEUX E, 2009. 鱼道: 设计、尺寸及监测[M]. 李志华, 王珂, 刘绍平, 译. 北京: 中国农业出版社.

CLAY C H, 1995. Design of fishway and other fish facilities[M]. 2th ed. Boca Rato: CRC Press Publisher.

DAGET J, GAIGHER I C, SSENTONGO G W, 1988. Conservation: Biologie et écologie des poissons d'eau douce africains[M]. Paris: Editions de l'ORSTOM.

FRANCFORT J E, CADA G F, DAUBLE D D, et al., 1994. Environmental mitigation at hydroelectric projects[M]. Boise: US Department of Energy Publishers.

GODINHO H P, GODINHO A L, FORMAGIO P S, et al., 1991. Fish ladder efficiency in a southeastern Brazilian river[J]. Ciência e cultura, 43(1): 63-67.

LARINIER M, 1992. Passes à bassins successifs, prébarrages et rivières artificielles[J]. Bulletin français de pêche et pisciculture, 326-327: 45-72.

MALLEN-COOPER M, 1996. Fishways and freshwater fish migration in south-eastern Australia[D]. Sydney:

University of Technology Sydney.

NAKAMURA S, YOTSUKURA N, 1987. On the design of fish ladder for juvenile fish in Japan[C]// International Symposium on Design of Hydraulic Structures.

PARASIEWICZ P, EBERSTALLER J, WEISS S, et al., 1998. Conceptual guidelines for natural-like bypass channels[M]// JUNG WIRTH M, SCHMUTZ S, WEISS S. Fish migration and fish by pass channels Oxford: Blackwell Science.

PETRERE M, 1989. River fisheries in Brazil:A review[J]. Regulated rivers: Research and management(4): 1-16.

VIDELER J J, 1993. Fish swimming[M]. New York: Chapman & Hall.